我亲爱的动物朋友

关于爱、成长与生命里的奇迹

［美］赛·蒙哥马利 著

［美］丽贝卡·格林 绘

苏十 译

中信出版集团 | 北京

图书在版编目（CIP）数据

我亲爱的动物朋友 /（美）赛·蒙哥马利著 ;（美）丽贝卡·格林绘 ; 苏十译 . -- 北京 : 中信出版社，2020.7

书名原文 : How to Be a Good Creature: A Memoir in Thirteen Animals

ISBN 978-7-5217-1904-8

Ⅰ. ①我… Ⅱ. ①赛… ②丽… ③苏… Ⅲ. ①动物－普及读物 Ⅳ. ① Q95-49

中国版本图书馆 CIP 数据核字 (2020) 第 086087 号

我亲爱的动物朋友

著　　者：[美]赛・蒙哥马利
绘　　者：[美]丽贝卡・格林
译　　者：苏　十
出版发行：中信出版集团股份有限公司
（北京市朝阳区惠新东街甲4号富盛大厦2座　邮编　100029）
承 印 者：北京盛通印刷股份有限公司

开　　本：880mm × 1230mm　1/32　　印　　张：7　　字　　数：82千字
版　　次：2020年7月第1版　　印　　次：2020年7月第1次印刷
京权图字：01－2020－5971　　广告经营许可证：京朝工商广字第8087号
书　　号：ISBN 978－7－5217－1904－8
定　　价：49.00元

服务热线：400-600-8099
投稿邮箱：author@citicpub.com

献给米尔莫斯博士，一如永远。

前 言 V

第 1 章 ❊ 莫 莉 001

许多小姑娘都崇拜自己的姐姐，我也不例外，
只不过我的“姐姐”是一只狗。
我穿着妈妈挑选的褶边连衣裙和蕾丝袜子，无助地站在那里，
渴望变得和莫莉一样：凶猛，野性，势不可当。

第 2 章 ❊ “秃脖子”、“黑脑袋”和“小跛脚” 022

一只右腿上有道长长的疤，我叫他“小跛腿”。
也许是因为腿上有伤，他是 3 只鸸鹋里最常坐下的。
“黑脑袋”则是他们之中最莽撞的，也常常领导着小团队行动。
“秃脖子”颈部的黑羽毛稀稀落落，显露出一块白斑。他似乎很容易受惊。
当大风将起或有车驶来时，他会率先跑掉。

第 3 章 ❊ 克里斯托弗 · 霍格伍德 045

克里斯托弗大概是我见过的最可爱的宝宝了。
他长着一对引人注目的大耳朵（一只淡粉，一只黑色），
有一个喜欢四处乱嗅的粉嘟嘟的鼻子。
他的一只眼眶上长着黑斑，看上去就像著名啤酒广告里的牛头梗斯巴茨 · 麦肯兹。
因为个子很小，他显得格外可爱。他的小蹄子还没有 25 美分硬币大。

第 4 章 ❊ 克莱拉贝儿 067

看她轻轻慢慢地爬动，小心翼翼地从我的肌肤上走过，
一股柔情涌上了我的心头。晚上回到住处后，我们发现她还在那里。
“我想我们有宠物蜘蛛了。”萨姆宣布道，他叫她克莱拉贝儿。

第 5 章 ❊ 圣诞白鼬 086

我从没见过这么干净的白色皮毛，比雪、比云、比海上的泡沫还要白，
看上去简直就在闪闪发光，仿佛天使的衣装。
但它凝视的目光更加触动我心，如此大胆无畏，甚至让我喘不过气。
“你要拿我的鸡做什么？”
那双漆黑的眼睛在对我说话，“把它还给我！”

第 6 章 ❊ 苔 丝 099

苔丝的聪慧、力量和灵敏常常令我称奇，但在那些漆黑的夜晚，
我想我最能清晰地感知到她给予我的恩赐。和其他人不同，
因为有苔丝，我可以在伸手不见五指的黑暗中远行，
甚至玩耍。和她在一起时，苔丝借给了我小狗的“超能力”。

第 7 章 ❊ 克里斯二世与苔丝二世 113

那天早晨，当两只树袋鼠戴好颈圈，
待在一个大大的、由树叶制成的围栏中，等待着被放归自然时，
我们都在琢磨该给他们起什么名字。
而丽莎早已做出了决定：他们的名字就叫克里斯托弗和苔丝。

第 8 章 ❊ 萨莉 133

萨莉喜欢偷东西。她会偷双肩背包里的午饭，
会在你把三明治送入口中的瞬间将之夺走。
一天早上，她叼走了厨房洗碗用的钢丝球，
在餐厅的地毯上留下了一条长长的印记——红锈色的小碎片散了一路。
她会打开水池下的储物柜，在积存下的脏东西里“淘宝”……
虽然品种相同，萨莉和苔丝却几乎像是两个极端。

第 9 章 ❊ 奥科塔维亚 152

我觉得奥科塔维亚很享受我的陪伴，因为我们喜欢在一起玩。
我们的游戏与打棒球或玩娃娃不同，更像是一种拍手游戏，
只不过有些小手上还长着吸盘……
我愿意和她永无止境地玩下去，至少也要玩到我双手冻僵，
她含有铜离子的蓝色血液（这种血液比我们含铁的血液耐性差）耗尽活力。

第10章 ❊ 瑟 伯 175

我们常常忘记瑟伯有一只眼睛看不见，因为几乎没有什么事情是他做不了的。
霍华德用塑料发球器投球时，瑟伯会飞一般地追上去。
他快速、敏捷、聪明、顺从并且富有想象力。对我们来说，他完美无缺。

延伸阅读 203

致 谢 209

前　言

我游遍世界，为我的书做调研。我曾加入一个研究团队，利用无线电颈圈监控巴布亚新几内亚云雾森林中的树袋鼠；我曾行走在蒙古戈壁，搜寻阿尔泰山脉上雪豹的踪迹；我曾与水虎鱼和电鳗在亚马孙畅游，只为写一本关于粉红海豚的书。在所有旅途中，有一句格言始终长存我心，被我视作承诺："学生准备好时，老师自会出现。"尽管在学校里，我也曾有幸遇到一些杰出的老师——我的高中新闻老师克拉克森先生，就是其中最好的一位，然而，我的大多数老师都是动物。

关于生活，动物都教给了我什么呢？

如何做个好生灵。

从婴儿时期发现的第一只虫子，到在东南亚见到的月熊、在肯尼亚接触的斑点鬣狗，我认识的所有动物都是好生灵。每一个个体都是奇迹，以各自的方式完美存在着。与任何一只动物相处，都能让我深受启迪，因为它们每个都知道超出人类理解的事。蜘蛛可以用脚品尝世界的味道；鸟儿可以看到我们无从感知的颜色；蟋蟀可以用腿歌唱，用膝盖倾听；狗可以识别超越人类听觉范围的声音，你还没意识到自己生气，它们早已察觉了。

认识来自另一个物种的生灵，能以神奇的方式扩展你的灵魂。在本书中，你将见到那些只用短短几次会面就改变了我的生命的动物，还有那些已经成为我家一员的动物。它们是几只家养的狗、一头养在我家谷仓的猪、三只不会飞的大鸟、两只树袋鼠，还有一只蜘蛛、一只白鼬和一只章鱼。

我仍在学习如何做个好生灵，尽管真心诚意，我的努力却常常失败。不过，我有美好的生活可供努力——我会用一生探索这个葱翠可爱的世界，然后回到上天赐予我的家中，与不同的物种共同生活，它们给予了我无从想象的安慰和欣喜。我时常希望回到从前，告诉那个年轻焦虑的自己：你的梦想并非无用，你的苦痛不会永存。我没法回到过去，但我可以做比这更好的事。我可以告诉你，那些能够帮助你的老师无处不在，有两条腿的，有四条腿的，甚至有八条腿的；有长着骨头的，也有没长的。你只需将它们视作老师，准备好聆听真理。

赛·蒙哥马利

第 1 章

莫莉

⁜

许多小姑娘都崇拜自己的姐姐，

我也不例外，只不过我的“姐姐”是一只狗。

我穿着妈妈挑选的褶边连衣裙和蕾丝袜子，

无助地站在那里，渴望变得和莫莉一样：

凶猛，野性，势不可当。

⁜

不用去小学上课时，我们通常待在一起。在纽约布鲁克林汉密尔顿堡225营的上将宅邸内，我家的苏格兰梗莫莉正和我一起，在宽阔整齐的草坪上“放哨”。只不过，是莫莉在观察一切，而我在观察她[1]。

在井然有序的军事基地，猎物少之又少，对为了追捕狐狸和獾而培育的苏格兰梗来说，这实在很不幸。这里的每个角落都极其整洁，不容许野生动物存在。不过，由于莫莉偶尔还是能发现松鼠，也由于这栋房子并不属于我

1 作者在书中将动物视作朋友，因此使用的人称代词一般为“he”或“she”，译文遵从原意译为“他”或“她”。在不确定性别的情况下，或对某种动物的泛指时采用“它”和“它们”。——译者注

们，而是归美国陆军所有，我们不能修建篱笆，所以莫莉被拴在一个坚固的螺旋桩上，桩子的另一头深深插进土里。我看到她转动着两只竖起的耳朵，用湿漉漉的黑鼻子四处搜寻，满怀渴望，就像我每天那样，留意着远处看不见的动物来来去去时留下的味道和响动。

接着她飞蹿而去，像一颗毛茸茸的加农炮弹。

顷刻之间，她拽出了那根四五十厘米高的桩子，拖着锁链一路狂奔，兴奋而狂躁地咆哮着，穿过砖瓦平房前的红豆杉丛。我很快看清了她追逐的东西——一只兔子！

我跳了起来，这是我第一次看到野兔。在汉密尔顿堡，从来没有人见过野兔！我想凑近一些看仔细，但莫莉仍在房前追逐，而刚刚念小学二年级的我，两只可怜的小脚塞在黑漆绑带皮鞋里，根本跑不过她那4只尖利而发育健全的爪子。

苏格兰梗低沉凶猛的叫声威风凛凛，难以忽略。很快，妈妈和负责打扫上将住所的士兵们就冲到了营房外面。转眼之间，无数双腿出现在我眼前，大人们跑来跑去，追逐着狂暴的苏格兰梗，但他们当然抓不住。莫莉已经挣脱了锁链，将桩子甩在身后，所向披靡。无论能否抓到那只兔子，她都会一连几个小时不见踪迹，也许天黑后才会现身。她会回家的，玩尽兴想进屋时，莫莉会在房前低吠一声，示意我们开门。

我很想追逐莫莉，却并不想抓住她。我想和她一起奔跑，想再看看那只兔子。我想知道夜晚门柱周围的气味。我想遇到其他的狗，追赶它们，和它们搏斗，将鼻子伸进洞穴，嗅出是谁住在这儿，以及尘土里埋藏着什么珍宝。

许多小姑娘都崇拜自己的姐姐，我也不例外，只不过我的“姐姐”是一只狗。我穿着妈妈挑选的褶边连衣裙和蕾丝袜子，无助地站在那里，渴望变得和莫莉一样：凶猛，野性，势不可当。

⁂

妈妈说，我从来就不是个“正常”孩子。

作为证据，妈妈讲了她和爸爸第一次带我去动物园的事。当时刚刚学会走路的我挣脱了父母的手，跌跌撞撞地朝围栏内走去，那是我自己选定的目的地。那里住着园区内最大、最危险的动物。河马们当时一定友善地注视着我，这些3 000磅[1]重的大块头并没有要将我咬作两半或者踩在脚下的想法。因为当父母设法将我拽出来时，我毫发未损。可直到现在，妈妈都没有从当时的惊吓中完全恢复过来。

我常常被动物吸引，相比之下，我对其他孩子、大人或者玩具娃娃的兴趣要小得多。我更情愿观察我的两条金鱼——小金和小黑，并和我非常喜爱却命运多舛的乌龟“黄眼女士”（我妈妈是美国南方人，早在“女权主义”一词出现之前，我就学会了她的南方礼仪，在任何一位女性的名字后都加上饱含敬意的“女士”二字）玩耍。像20世纪50年代的大多数宠物龟一样，黄眼女士因喂养不当而备受折磨，最后龟壳变软死掉了。为了安慰我，妈妈送给我一个小娃娃，但我对它置之不理。爸爸从南美旅行归来时，带给我一只肚子圆滚滚的小凯门鳄。我给它穿上娃娃的衣服，把它放进娃娃的婴儿车里，推着它走来走去。

身为独女，我从不渴望拥有兄弟姐妹。我也不需要其他孩子的陪伴，他们大多吵吵嚷嚷，上蹿下跳，静不下心

1 1磅≈0.45公斤。——译者注

来观察大黄蜂。他们跑来跑去，驱赶着人行道上昂首阔步的鸽子。除了极个别情况外，大人们身上同样没有什么令我难忘的地方。我会茫然注视着见过许多次面的大人，想不起他们是谁，直到父母提醒我对方养了什么宠物（例如，“他们是布兰迪的主人”。布兰迪是一只迷你腊肠犬，长着长长的棕红色毛发。安顿我上床睡觉后，大人们会继续在派对上把酒言欢，这时布兰迪常会跳上我的床，与我依偎在一起。如今，我仍旧记不起他主人的名字和样貌）。杰克叔叔是少数几个没养宠物却让我喜欢的人。他不是我的亲叔叔，而是我爸爸的朋友。他是一位少校，会为我画长着花斑的小马，在他和爸爸下象棋时，我会仔仔细细地为那些花斑涂色。

当我的语言能力好到足以表述这些问题时，我向父母宣布，我其实是一匹马。我在屋里四处飞奔，嘴里发出嘶鸣声，将脑袋甩来甩去。爸爸同意叫我“小马驹”，但我端庄优雅、极富社交野心的妈妈忧心忡忡，她希望自己的女儿能够做出正确的选择：认为自己是公主或仙女。她担心我是旁人口中“智力迟钝”的孩子。军队里的儿科医生向她保证，我将自己视作小马的阶段会渐渐过去。的确如此，只不过那时我又认为自己是只小狗。

我只遇到了一个难题：父母和他们的朋友都急于教会我该如何做个小女孩，而我周围却没有人能告诉我该如何做一只小狗。直到3岁时，我短暂人生的夙愿达成了——莫莉来了。

⁕

饲养网站上说，苏格兰梗“大胆、精力充沛”，而且特别“活泼任性”。它们坚韧而独立的性格，甚至在初生之时就可见一斑。这一古老的犬种由节俭的苏格兰人培育繁殖，以保护家畜免受野兽袭击。这些黑色的小狗是苏格兰高地上的勇士。它们强壮而勇敢，足以制伏狐獾，同时十分聪明，可以离开主人独立工作，智胜入侵的野兽。苏格兰梗站立时大约有10英寸[1]高，而体重仅为20磅左右。“小型犬的敦实健壮和大型犬的英勇无畏，在它们身上体现得淋漓尽致。”作家、批评家多萝西·帕克如是写

1 1英寸≈2.5厘米。——译者注

道，“它们是那么强壮，除非被汽车拦腰轧过，否则什么也取不了它们的性命——即使如此，这对汽车来说也够受的了。”苏格兰梗幼犬就像磕了药的两岁孩子一样可怕，还超乎寻常地坚不可摧。

不过，莫莉和我除了都还年幼以外再无相似之处，她坚韧、好胜，和我完全不一样。

两岁时，我经历了一件糟糕的事。那时，我家从德国搬回了美国。我是在德国出生的，家里有一位保姆，但回到美国后，照顾我的责任就全部落在了妈妈肩上。之后她告诉我，当时我得了一种非常罕见的幼儿单核细胞增多症，可我姑姑觉得这纯属子虚乌有。的确，很多年后，我也未曾在军队的医疗记录里找到与此相关的诊断。姑姑确信我曾被人捂住口鼻或剧烈地摇晃，也许两者都有，反复再三。很明显，我总是在哭，甚至多年以后，我已经十几岁时，妈妈还会满腹牢骚地向朋友们抱怨，我这个爱哭鬼常常会搞砸她的鸡尾酒会。傍晚时分，她会喝一杯马天尼，那是她一天当中最美好的时光。爸爸不在家，留下她独自一人面对号啕大哭的婴儿时，酒精一定纾解了她的孤独。

无论当时的我遭遇了什么，一连几个月，我既不玩耍也不说话。我还不爱吃东西，一直到3岁我都没怎么长个子。

我的状况一定令父母十分苦恼。妈妈买了一只小碗，碗底印有一些动物的图案，只有吃完碗里的麦片，我才能看到它们。她用饼干模具将吐司压成动物的形状喂给我吃。爸爸还试图用奶昔诱惑我（他偷偷在里面加了一个生鸡蛋）。或许是因为对我日渐衰弱的健康状况感到绝望，他们开始考虑收养一只小狗。

若是在今天，犬类训练员和育儿专家肯定会告诫我的父母不要这样做。在犬类训练员看来，苏格兰梗虽然好，却不适合陪伴幼童。蹒跚学步的孩子也许会踩到它们的爪子、抓到它们的尾巴，而苏格兰梗无法容忍这些。它们很可能会咬回去，它们的嘴巴和牙齿都和艾尔谷梗[1]的一样大。苏格兰梗极其忠诚，但它们也是梗犬中最凶猛的一种。更何况，就算为六七岁的孩子买一只最为温顺、富有耐心的狗，如今的大多数专家也会反对。当然，那时候没

1 艾尔谷梗，梗犬中体型最大的一种。——译者注

人知道这些，格蕾丝阿姨——一位魅力四射的古巴移民，有三只宝贝小狗，于是她送了我家一只。

格蕾丝阿姨与我并没有血缘关系，她的丈夫——克莱德叔叔，也不是我的亲叔叔。

克莱德叔叔是我爸爸最好的朋友，可格蕾丝阿姨却是我妈妈的“竞争对手”。格蕾丝阿姨留着一头齐腰的墨玉色长发，打着华丽的大波浪卷。她常穿量身定制的低领连衣裙和裹臀半身裙，画着黑色的眼线，涂着深红色的口红，脚踩高跟鞋。妈妈觉得她这是在装腔作势。“你觉得格蕾丝阿姨带那些小狗去兽医诊所打针时，会穿什么颜色的裙子？”妈妈有一次这样问我。

“黑色的？”我猜测道。如果是我，肯定会穿得和其他“家庭成员”尽可能一致。“错，”妈妈纠正我，“是白色的！”这样会使小狗更加引人注目。

应该是在那次打针后不久，莫莉便来到了我们家。尽管在幼时的我眼中，那光辉灿烂的一天无与伦比，可如今我却一点儿也记不起那个改变命运的时刻了（也许是因为我生病或受伤了，也许只是因为我当时年纪太小）。

但她带来的影响很快就显现出来了。

莫莉来到我家后不久，父母为我和她拍了一张黑白照片。在我4岁生日的两个月前，妈妈把这张照片做成家庭圣诞贺卡，寄给了很多人。照片中的我穿着一条泡泡袖连衣裙，暗示拍摄时间是在夏季，不过壁炉前挂着圣诞袜，还有一个圣诞老人的发条玩具站在我身旁的砖地上，正准备摇响手中的黄铜铃铛。和妈妈以前制作的所有圣诞贺卡一样，这张照片也是摆拍的，但莫莉和我兴奋的表情却是真的。

❈

“莫莉叼走了爸爸的一只袜子！”

和大多数小狗一样，莫莉喜欢偷东西，尤其喜欢我爸爸的黑色薄袜，就是他外出工作时搭配将军制服的那一种。莫莉偷走袜子时，我不会告发她，而是会迫不及待地向家人宣布接下来发生的奇事，这总能逗笑我爱狗的爸爸。袜子通常被藏在卧室的脏衣篮中，有时也会被塞在鞋尖里，莫莉找到它们后会冲进客厅，发出凶猛的低吼，沉浸在兴奋与狂躁之中，将袜子甩来甩去。直到莫莉确定她已撕破了袜子的“喉咙”，谁也拿不回它们为止。

作为一只小狗，莫莉从不啃咬东西，而会将之“杀死”。当然，她喜欢生牛皮和骨头，但在攻击我爸爸的袜子时，她心中想的却是和袜子截然不同的东西。我记不清她是否杀死过其他动物，但她会将一些东西想象成活物，幻想自己正在杀死它们。

她喜欢把球咬碎。小一点儿的球无法引起她的兴趣，她也不会把球叼回来。她会全神贯注地追逐充气的塑料大球，例如足球、排球、躲避球，再将它们全部制伏。清晨我会牵着皮带，带她从营房走到军区网球场，趁大人们还没有占领场地，把一只球滚出去。她喉咙深处发出的低吼声敲打着我的胸腔，我看着她一路刨开网球场上的红土追赶，而球就在她鼻子前面一点儿的地方滚动。但她总能将球逼入绝境。当她用长长的白色犬牙刺破“猎物”的“肺部”后，球泄了气，变小了，她就可以张开强壮的下颚将其全部咬住并撕成碎片。球被摧毁后，莫莉允许我将它捡起来观察，球就像被破冰锥刺穿过一样。一只小狗只靠自己的脑袋就可以做到这些！莫莉是一个强有力的存在，值得被致以深深的敬意，这一点我很早就铭记于心。

我知道有一个鲜活、
苍翠、充满生机的
世界，挤满了忙碌的
鸟儿和昆虫、乌龟和
鱼儿、兔子和小鹿。

显然，军区里的人也意识到了这一点。莫莉长大一些后，我们不再用桩子和锁链将她拴住，她常常在夜晚独自出门。慢慢地，大伙儿都认识了她。一次夜间出游时，她拜访了女子辅助军团的营房（直到1978年，美军男女部队才合并）。那晚几个女兵正待在外面，第二天我们就听到了这样的传言：莫莉小跑而过时，女兵们站成一排，允许莫莉嗅闻她们的气味。当莫莉继续前行时，女兵们向她敬礼致意。

这个故事很可能是捏造出来的；但女子辅助军团也有可能真的朝莫莉敬了礼，只因为她是上将家的狗；又或者这些强壮勇敢的女士看到了小母狗身上的独立与胆量，对她很是尊敬。从前有另一位长官也从他养的苏格兰梗身上发现了这些品质。19世纪，苏格兰的军队指挥官乔治·道格拉斯少将（也被称作“邓巴顿伯爵”）养了一群出类拔萃的苏格兰梗，他给这些狗取了个绰号：“死硬派”。它们启发了邓巴顿伯爵，他随后将自己挚爱的军团——皇家苏格兰团——命名为“邓巴顿的死硬派”。

莫莉有着苏格兰梗典型的独立自主的性格，不需要别人告诉她该做什么。夜里我们叫她回家，她不听。最终父母想出了一个办法：将门廊的灯一开一关，示意莫莉我们希望她回家。只是提出一个建议，这也是爸爸对于红绿灯的看法（他说红灯“只是一个建议”）。莫莉想回家时就会回家。

而我根本不会为此烦恼，我从不指望莫莉会顺从我。她为什么要这样做呢？我5岁的时候，她还只有两岁，却已经成年了。在我看来，她不只比我年长，还是我的榜样。我甚至没有意识到，这种看法并不被其他大人认可。终于，妈妈采取了行动，她开始驯服我们两个。

❋

独立与坚韧的个性使苏格兰梗与众不同，却也令它们很难被规训。一位犬类训练师曾在网站上写道，苏格兰梗以倔强和独立闻名，“因此它们往往认为，顺从并无必要”。

令人难以置信的是，正当我家莫莉四处乱跑、摧毁玩具和衣服时，魅力十足的格蕾丝阿姨竟然成功驯服了她家的苏格兰梗，他们学会了做祷告，还能弹钢琴。

格蕾丝阿姨买了一架黑色的儿童玩具钢琴，小小的，就像《史努比》漫画中施罗德弹奏的那一种。格蕾丝阿姨会将麦克叫到客厅里，他是莫莉的兄弟。“弹钢琴啦！”她满怀热情地催促道。于是小狗坐在塑料钢琴前，来回换着爪子，先按下一组琴键，接着又按下另一组。那时我也在学钢琴，还不会双手弹奏，而麦克已经学会了，这让我很吃惊。

接下来，格蕾丝阿姨会用她家苏格兰梗的虔诚打动客人。她搬来一把淡蓝色的软面脚凳当作小狗的桌子，又铺上两张配套的蓝色餐垫。当格蕾丝阿姨将小狗闪闪发光的铝制饭碗盛满食物时，麦克和他的妈妈金妮在脚凳两旁坐直了身子。格蕾丝阿姨放下饭碗催促道：“做祷告吧！”于是苏格兰梗将爪子放在面前的“餐桌”边缘，低下头，将鼻子埋在爪下，并一直保持着这个姿势，直到格蕾丝阿姨示意他们可以开始吃饭了。

这幅情景甚是动人，而在军区的“上层社会”中，打动同辈们的心是一件极其重要的事。我妈妈不会驯狗，尽管她在阿肯色州长大，童年时有一只心爱的血统并不纯正的比格犬弗利普，后来不幸被汽车碾压身亡。不过，我妈妈的缝纫手艺十分高超，她决定以此向魅力十足的竞争对手发起挑战。我家的狗也许无法模仿人类的举止，却可以穿得人模人样。

为了抵御恶劣的天气，苏格兰梗长着粗硬的毛发，但妈妈还是给莫莉缝制了几件小外套，有夏天穿的，也有冬天穿的。我觉得给莫莉穿苏格兰方格花呢很不错，但妈妈选择了颜色柔和的布料，因为她觉得莫莉毕竟是个女孩，应当穿着得体。接着，她又将目光投向了莫莉的家具。麦克拥有一架钢琴，就放在格蕾丝阿姨家的客厅中，莫莉在这一方面也不能落后。妈妈为她买了一张遮篷床，安放在厨房与客厅之间。她又缝制了配套的被子、枕头，当然还有一顶正红色的缎面遮篷，四周装饰着荷叶边。

在妈妈的努力之下，我的衣服上也出现了大量的荷叶花边。她劲头十足地打扮着我，让我至少看上去很像她一直渴望拥有的娇小可人的女儿。在布鲁克林的私立学校，女生不允许穿宽松的裤子，因此直到我们搬家，我转入公立学校读五年级之前，我一条牛仔裤也没有。妈妈严厉地警告我，不准把衣服弄脏，以至于在幼儿园我即使穿上了罩衣，也不肯将双手蘸上颜料作画。许多年后，妈妈一再讲起这件事，言语间充满了自豪。

妈妈用那台黑金相间的胜家牌小型缝纫机，为我缝制了一件又一件漂亮衣服，使用的布料往往与她自己的某些衣服相同。其中，最令人惊叹的杰作是我小学演出时的一件戏服。从小到大，我一直是全班个子最矮的人，所以由我来扮演小牧羊女。那件戏服粉白相间，点缀着网眼蕾丝，还配有一顶绣花系带女帽。它是那样引人注目，我登台时观众们都惊呆了。

我妈妈有颗少女心，而我却有颗“小狗心”。莫莉的非凡能力让我着迷。爸爸还没将指挥车驶入车道，她就早早听到了动静。妈妈刚刚将开封的狗粮罐头从冰箱里拿出来，她就嗅出了味道。她还能在黑暗中看清一切。

我好奇自己能否获得这些“超能力”。电视动画片里的角色可以穿墙而过，比如《鬼马小精灵》里善良的小鬼卡斯珀，《太空天使》里的人物则能坐着火箭飞行。而我眼前的这个小生灵，的确拥有超过人类的天赋。身为一个年幼的孩子，我许下誓言，要追随于她，做她的侍从。

我着迷地观察着莫莉，不漏过她身上任何一个地方。她长长的粉色舌头上有褐色的小包，弓起身子排便时，肛门就像一朵绽放的花。我满怀热情，端详着她耳朵里的每一处窝纹褶皱，看她一次次抽动柔软的鼻子，张大鼻孔。莫莉的一切都如此完美。

除去最明显的差异之外，莫莉和我还有许多不同之处。她鼻孔的形状像个逗号，而我的鼻孔只是两个普通的洞；她的耳朵不光能动，里面还藏着神秘的软骨结构，与我的耳朵大不相同。但在我看来，这些差异并非不可逾越。只要了解了小狗的秘密，或许我还是可以像她一样！我记得自己曾一连几个小时躺在地板上，脑袋枕着胳膊，和莫莉的脸相隔几英尺[1]，观察着她睡觉时的样子，试图吸纳她的味道、她的气息、她的梦境。

在我的幻想中，在我精心编织了好几年的白日梦中，莫莉和我会一起离家出走。我们将住在森林里，在清澈的小溪边舔饮水流，在树丛中猎食，睡在一棵空心树中。所有的动物都认识我们，我们也认识它们。我们每天都在看啊闻啊挖啊，四处探索。莫莉将引导我认识这个世界，那是家门和学校以外真正的世界，远离沥青、砖石和水泥。

1　1英尺 ≈ 0.3米。——译者注

有莫莉陪在身边，我就能了解野生动物的秘密。

尽管我们住在军营里，后来又搬到了景色单调的郊区，但我知道有一个鲜活、苍翠、充满生机的世界，挤满了忙碌的鸟儿和昆虫、乌龟和鱼儿、兔子和小鹿。我从《野生动物王国》《雅克·库斯托的海底世界》和其他电视节目中知道了这个世界，但因为莫莉能听到它、嗅到它，我才相信这个世界真实存在。这个我已经深深爱上的真实世界，超出了我那平凡的人类视野。可我知道，有一天我们会逃离俗世，去往那里，来到荒野之中。那一刻，莫莉终于能够与我分享她的“超能力”。

第 2 章

“秃脖子”、“黑脑袋”和“小跛腿”

※

一只右腿上有道长长的疤，我叫他“小跛腿”。

也许是因为腿上有伤，他是3只鸸鹋里最常坐下的。

“黑脑袋”则是他们之中最莽撞的，也常常领导着小团队行动。

“秃脖子”颈部的黑羽毛稀稀落落，显露出一块白斑。

他似乎很容易受惊。

当大风将起或有车驶来时，他会率先跑掉。

※

我身处澳大利亚人烟稀少的内陆，蹲在一望无际、长着尖刺的地被植物中，四周只有风和叶片干燥的越冬灌木。接着，我突然意识到，这里不止我一人。

我 26 岁，大学毕业 5 年了，毫不夸张地说，我已离家万里之遥。我新近的一个家在新泽西，我毕业以后就一直在一家日报社担任科学与环境记者。而此时，我正在为一位研究生采集植物学调查所用的小型植物样本。除了我用刀割断根茎的声音外，这里唯一的响动就是风吹过低矮的灌木和矮小的桉树时发出的呼啸声。直到一个声音猛然闯入思绪，打断了我手头的工作。我抬起头，看到 3 只大鸟，每只都有一人高，正在棕黄色的草丛中闲庭信步，离我不过四五米远。

他们是鸸鹋。这些不会飞的鸟儿身高接近6英尺，体重通常能达到75磅。在澳大利亚的国徽上，鸸鹋和袋鼠分别站立在盾章两侧，代表着这片靠近地球最南端的世外桃源。鸸鹋看上去好像鸟类与哺乳动物的混合体，还残留了一丝恐龙的外貌特征。他们褐色的羽毛又长又乱，像头发一样披在圆滚滚的身体上，每根羽轴上都长着两根羽毛；头颈是黑色的，长长的脖子像潜望镜，有着像鹅一样扁扁的嘴巴；支在身体两侧的翅膀已经退化，仿佛造物主临时添上去的滑稽东西。然而，凭借两条强壮有力、向后弯曲的腿，鸸鹋每小时可以奔跑4英里[1]，爪子一踢就能撕开围栏线网，或者拧断敌人的脖子。

看到他们的那一瞬，我吓了一跳，从头顶到脊背一阵发麻。我从未如此近距离地接触过这样巨大的野生动物，更别提是在异国他乡、孤身一人之时。但与其说是害怕，不如说是目眩神迷，看着他们抬起长有一层鳞片的长腿，收拢像恐龙爪子一样的大脚趾，迈着步子，我待在原地，被他们的优雅、力量和奇异之美深深吸引。啄食草叶时，

1　1英里≈1.6千米。——译者注

他们如芭蕾舞演员一般，将脖颈弯成 S 形，走过我身边，踏过山脊。最终，他们干草堆似的身影与圆形的褐色越冬灌木融为一体，消失不见。

他们走后，我心中猛地一震，却没有意识到，这是我第一次窥见不同寻常、超乎想象的奇妙生命。那时我不会知晓，这些奇异的巨鸟将引领我走上那条因莫莉而开启的人生之路。而对于我生命中的第一个真正勇敢之举——割舍一切所爱之物，他们也将给予我无价的回报。

✻

离开美国的时候，几乎人人都觉得我疯了。妈妈被吓坏了，不过爸爸向她保证，去这么一趟我就不会再执迷于四处旅行了。我辞掉了报酬优厚的工作。我凭借报道 9 个农村小镇新闻的经历，初出茅庐就得到了那份工作，这也符合我就读新闻系时对未来的展望。上大学时，我选修了 3 个专业——新闻、法语和心理学。毕业后的一年来，我主要报道科学、环境和医药方面的新闻。在这个州，有亟需调查的紧迫的环境问题，并且这里的科学家和工程师占全州总人口的比例，比美国其他地方都高。

我常常每天工作14个小时，不休周末，并且永不知足。我的工作为我赢得了奖项。作为奖励，还带来了丰厚的报酬和自由。我身边围绕着天才的编辑、聪明的同事和要好的朋友。我住在一座林中小屋里，同居的还有5只雪貂、一对多情鹦鹉，以及一个我深爱的男人。他叫霍华德·曼斯菲尔德，是一位才华横溢的作家，我们是在大学里认识的。我很快活。

接下来，一份突如其来的礼物改变了我的生活。我在《信史新闻》工作5年后，爸爸为我买了一张去澳大利亚的机票。那时他已经从军队退休，却始终支持着我。我一直很想去澳大利亚，那里与世隔绝的环境孕育了一群超乎人类想象的奇妙动物。看不到四足着地、小跑而过的羚羊和鹿，却有怀揣小宝贝、用两条腿蹦蹦跳跳的袋鼠；还有针鼹鼠，这种浑身是刺的哺乳动物会下蛋，用一条黏糊糊的、鞭子似的长舌舔食蚂蚁；鸭嘴兽长着河狸的尾巴，带蹼的脚掌后有一根刺，可以释放毒液来自卫。

我想做的不只是简单看一看这些动物。我想研究它们，向它们学习，有可能的话，我还想帮助这些生灵。我发现了一个国际组织，它为非专业人员分配科学研究和动植物保护项目，并支付报酬。这个名叫“守望地球”的非营利组织，总部位于马萨诸塞州，提供符合上班族日程安排的“国民科学”之旅，一次旅行的时间只有几个星期。我报名参加的项目位于澳大利亚南部某州，工作内容是协助帕米拉·帕克博士完成一项研究。帕克博士是芝加哥布鲁克菲尔德动物园的一位保护生物学家，她的研究对象是布鲁克菲尔德动植物保护公园中濒临灭绝的南澳毛吻袋熊，这座公园距离阿德莱德市有两小时车程。

我们很难见到袋熊。这种动物长得像考拉，但并不生活在树上，而是住在洞穴中。袋熊很害羞，它们在坚硬的土壤中挖出体系庞大的隧道，大多数时候都藏身其中。不过，我们能远远看到它们躺在洞穴外的小土堆上，享受着午后暖阳。偶尔我们会抓住袋熊，测量它们的各项身体数据，但通常情况下，我们会考察它们的生活习性，绘图记录它们的巢穴，并清点它们干巴巴的、方方正正的排泄物，以估算其群体数量。我们倒是每天都能见到袋鼠，并且它们无时无刻不令我震惊。研究区域内的每一种生物都为我打开了一扇新世界的大门，从动物到植物，从夜间时常出现在我帐篷中的拳头大小的狼蛛，到在干裂红土中奇迹般生存的伞形合欢树。晚上，我们用散发着桉树叶味道的营火做饭，我们把睡觉的帐篷搭在低矮的内陆树木下。早晨，我们看到粉灰色的鹦鹉成群飞过，点缀着日出盛景。童年时，我渴望生活在野外，探索动物的秘密，在这里，我品尝到了美梦成真的滋味。

我工作得极为勤奋认真，所以在这为期两周的旅行结束，即将回到美国上班时，帕克博士向我发出了邀请。诚然，她不能雇用我做研究助理，而我一旦回到家乡，她也不能为我付机票钱，让我再来澳大利亚。但如果我想以布鲁克菲尔德动植物保护公园中的任何一种动物为对象从事独立研究，我就可以住在她的营地里，分享她的食物。

于是我辞去了工作，搬进了澳大利亚内陆的一顶帐篷中。

❉

孩童时期的我梦想生活在森林里，然而，居住在澳大利亚低矮的桉树丛中后，我发觉现实与想象非常不同。在幼时的幻梦中，总有一位导师会陪伴在侧，为我指引方向。当然，莫莉早已不在了。我上高三时，她在那张红色的遮篷床上，于睡梦中安然离世。我不过一介凡人，孤独、迷茫、缺乏经验，如今谁会来指引我步入这片满溢着动物奇妙力量的土地呢？

我不知道自己要研究什么，便从帮助他人完成研究开始。看到鸸鹋那天，我正在帮助一位研究生采集植物样本。通常，营地里只有 6 位研究人员，有时我会帮助另一位女士寻找外来品种狐狸存在的证据。有一天，我们之中的几个人拆除了公园中的带刺铁丝网。布鲁克菲尔德动植物保护公园曾经是一座农场，铁丝网就是从那个时期遗留下来的。我们拆下铁丝网柱，为帕克博士的研究标记袋熊巢穴，这时我又看到了那 3 只鸸鹋。

他们悄无声息地出现在公园一角，距离我们 400 多米远，似乎正在啄食桉树上一大丛低矮的、鸟窝状的槲寄生。我的头顶再次阵阵发麻，就像被一束激光击中了一样。专心点！

我们拿着相机和望远镜向他们靠近，在灌木丛后潜行，随时准备躲藏起来，推测他们没有留意，才继续前进。但鸸鹋一直都在留意，普通鸟类的视力要比人类好上40倍。距离他们不到90米远时，一只鸸鹋站直了身子，伸直黑色的脖颈，径直朝我们走来。离我们大约20米时，这只大胆的鸟儿转身跑开了。我注意到，他还翘起了尾巴，拉出了一大堆湿乎乎的东西。接着，3只鸸鹋不再理会我们，朝山脊那边踱去了。

我找到了那堆排泄物，发现里面净是带有条纹的绿色种子。是槲寄生的种子！那一刻，我知道自己该研究什么了。鸸鹋是种子传播的重要载体吗？鸸鹋吃哪些植物？他们的粪便有助于种子更好地发芽吗？

我整天游荡在内陆地区，寻找着“鸸鹋派”。对我来说，它们极其珍贵，蕴藏着许多有用的信息，就像外星人飞船上废弃的燃油箱一样。我搜集鸸鹋的粪便，将它们装进袋子里，搬回营地，试图分辨里面的植物种子。然后，我会把其中一半种子放回我发现排泄物的地方，而将另一半种子放在湿毛巾上，比较哪一半种子能更好地发芽。

一天阳光明媚，临近傍晚时分，我停下手里的活，坐在一根倒下的圆木上休息。看到一群食肉蚁从我的靴子上爬过，我感到快乐而自由。现在我的流浪终于有了科学价值。

当我将视线从蚁群上移开，抬起头时，我又看到了鸸鹋。他们正在吃草。我弯下腰，躲到灌木丛后，希望能悄悄地多观察他们一会儿，可他们已然发现了我。其中一只鸸鹋径直向我走来，在距离我不足 25 米处，他转过身径直地跑开了，然后又停下了脚步。另外两只鸸鹋也跟着做出了同样的举动。3 只鸸鹋站在那里，好像在等待着什么。

这是一次挑战，还是一个邀请、一场考验？他们一定在思考，我会不会带来危险？会不会去追他们？如果会，我能跑多快？

我意识到，我不可能将自己藏起来，不被他们发现。珍·古德尔得出过同样的结论，她的有关黑猩猩的著名研究曾在《国家地理》杂志上连载，童年时我对她充满了崇拜。她从来不会偷偷观察动物，而是摆出谦逊的姿态，坦率地出现在猩猩面前，让它们慢慢适应，感到自在。

于是那天以后，我每天都穿着同样的衣服：我爸爸的绿色旧军装外套，蓝色牛仔裤，再戴上一条红色头巾。我想以此告诉那些大鸟：是我，别害怕，我没有危险。我推测在我看到鸸鹋之前，他们早就看到我了。

接下来的日子里，我越来越频繁地遇到他们。很快，我几乎每天都能发现他们的踪迹。不到几个星期，我就可以跟在他们身后，只相距15英尺，足以清楚地看到他们红褐色的眼睛，深渊一般的黑色瞳孔；足以看到他们的羽茎，他们食用的植物叶片上的脉络。

我可以轻松地分辨这些鸸鹋。其中一只右腿上有道长长的疤，我叫他“小跛腿”（Knackered Leg，这是我从一位动物管理员那里学来的澳大利亚俚语，Knackered 意指“糟糕”，我那时还没有意识到这个词很不礼貌）。也许是因为腿上有伤，他是3只鸸鹋里最常坐下的。“黑脑袋”则是他们之中最莽撞的，也常常领导着小团队行动。很明显，我第二次见到他们时，径直朝我们走来的那只鸸鹋就是他。“秃脖子”颈部的黑羽毛稀稀落落，显露出一块白斑。他似乎很容易受惊，当大风将起或有车驶来时，他会率先跑掉。

我用“他”来指代这3只鸸鹋，这与他们的身体构造无关。你无法判断鸸鹋的性别，除非他生下了蛋，可我就是很难将这种神奇的生灵称作“它”。不过，我知道这些鸸鹋还没有完全成年，因为成鸟脖颈处会有绿松石色的斑点。我还知道，他们一定是兄弟，离开父亲的照料尚不足几周或者几个月（雄性鸸鹋会孵化墨绿色的蛋，破壳而出的小鸟最多可达 20 只，雄性鸸鹋也会抚养他们）。和我一样，他们刚刚开始探索这个世界。

我好奇他们每天都做些什么。我们很少去阿德莱德，但我抓住机会去了大学图书馆，发现没有人发表过研究野生鸸鹋群体习性的论文。因此，在做种子发芽实验时（没错，从鸸鹋肠道中排泄出的种子的确发芽更快），记录鸸鹋的日常作息就成了我新的工作重心。

我列出了一份鸸鹋行为清单，包括走、跑、坐、吃草、吃树叶、梳理羽毛等。我用半个小时观察每只鸸鹋每隔 30 秒钟会做些什么，再用半个小时将相关信息详细记录下来，如此反复。从我每天都能见到他们的那段时间起，一直到他们抛下我，离开我的生活，我都在记录。他们总是要离开的。我从没想过去追赶这些鸸鹋，因为那毫无意义，但我真不愿看见他们离开。

他们身上，即使是最平凡无奇的举止，也能将我深深吸引。观察鸸鹋如何坐下，对我而言是一个重大收获：

他们先将膝盖（鸟类的“膝盖”其实更像人类的脚踝）向后弯曲“跪倒”，然后出乎我意料地将胸口贴在地面上！那时我还没有意识到，鸸鹋有两种不同的坐姿。他们起身的姿态同样令我震惊：先是猛地往前一探，用脖子和胸口撑起身体，做出“跪着”的姿势，然后向上一跃，站立起来。

我没有在行为清单上列出“喝水”一项，因为我压根儿没想到鸸鹋喝水的样子会如此不同寻常。内陆地区罕见地下了一场雨，那时距离我第一次看到3只鸸鹋已经过去了好几个星期，他们“跪”在路上的一个小池塘边，鸟喙里吸满了水。许多生活在沙漠里的动物并不喝水，而是从吃下的食物中吸取所有水分。我没想到会看到这一幕。

鸸鹋梳理羽毛的样子也带给我很大的启发，看得我心满意足。我喜欢看他们梳理稀疏的棕色羽毛，看他们用鸟喙潦草地打理着羽枝，这让我回想起那些阳光灿烂的下午，我赖在沙发上，让奶奶为我梳头发。我想象着鸸鹋梳理羽毛时的感觉，那滋味有多美妙？通过这种安宁而亲密的举动，我发现自己体会到了鸸鹋的快乐。

当大风吹动他们的羽毛时，他们会翩翩起舞，把脖子伸向天空，强壮有力的双脚击打着空气。我有一种感觉：鸸鹋这样做，只是为了开心。他们还颇具幽默感。有一天我看到他们朝护林人的狗走去，那只狗被拴在护林人的小屋外面，狂吠不止。可大胆的“黑脑袋”昂首挺胸，径直朝那只紧张兮兮的动物走去。距离对方20英尺时，“黑脑袋”张开两只短短的翅膀，猛地伸长了脖子，两只脚踢着地面，朝空中飞去。大约过了40秒，他一直在重复这个动作。很快，另外两只鸸鹋也加入了他，而那只狗完全抓狂了。接着，3只鸸鹋从狗面前跑过，奔到300码[1]以外的地方突然坐了下来，开始梳理羽毛，就好像在庆祝他们的恶作剧得逞了。害羞的“秃脖子”和受伤的“小跛腿”竟然做出了如此英勇的举动，我很欣赏他们，与此同时我意识到，一定是这个小团队中的领导“黑脑袋”，让他们鼓足了勇气去戏弄“猛兽”。

这3只鸸鹋很清楚，他们是一个小团队，无论其中哪一只离队太远，他都会抬头张望，判断自己所在的位置，然后朝同伴奔跑或疾走过去，与他们保持25码左右的距

1 1码≈0.9米。——译者注

我待在原地，
被他们的优雅、力量和
奇异之美深深吸引。

离。一个月后，我有时可以走到“黑脑袋”近前，与他相距不到5英尺，与另外两只鸸鹋相距不到10英尺。

我也在寻求“黑脑袋”的指引。如果我能捕捉到他的眼神，哪怕只有一秒，我都会试图判断“黑脑袋”是否介意我跟在小团队的后面。某种程度上，我是在征询他的同意。而从另一个角度讲，我将他视作小团队的领导，也就等于将他视作我的领导。有时候他会直勾勾地盯着我的眼睛。尽管我穿着破衣烂衫，一头乱发活像野狗的皮毛，但沐浴在这只奇异大鸟的目光中时，我第一次感到自己是美丽的。

❊

黄昏是3只鸸鹋最紧张的时候，一切快速移动的光影都会吓得他们拔腿就跑，比如远处驶过的一辆车、一只跳跃的袋鼠，或是一顶被风吹走的帐篷（有一次吓到他们的就是我的帐篷）。“小跛腿”毕竟有伤在身，就算强壮如鸸鹋，只要受了伤，就必须时刻保持警惕。但3只鸸鹋中最先逃跑的却常常是“秃脖子”，当另外两只鸸鹋跟着他跑远时，我压根儿没指望能追上他们。

每天晚上，当我蜷缩在睡袋中时，我总在琢磨鸸鹋会在哪里睡觉。也许他们很少休息？也许其中一只会像哨兵一般，整夜站岗？他们睡觉时会双膝着地吗？会坐着还是站着？也许他们会单脚站立，就像山雀休息时那样？他们会把黑色的脑袋埋在翅膀底下吗？

有时候我会在凌晨 4 点起床，试图一窥鸸鹋睡觉的样子，却从未成功。但有一天傍晚，我跟在 3 只鸸鹋身后，他们并没有跑开。天快黑了，他们全都面朝一个方向坐了下来，头顶是 4 棵矮小的桉树。灰蓝的天空上飘着橘色的晚霞，桉树的枝叶仿佛一顶遮篷。我也坐了下来，很高兴自己能陪在他们身边。四周的光线越来越暗，我这才意识到忘了记录数据。于是我打开手电筒，想记下时间，鸸鹋们却一跃而起跑远了。

⁂

日复一日，我跟在 3 只鸸鹋身后，每一天都宛若神赐。我写下了上千页的观察资料，感觉自己在为科学做贡献。有一天我会计算这些数据，弄清鸸鹋每日散步、吃草、吃树叶、梳理羽毛的时间占比，以前从未有人这样做过。

有一次我答应了别人，要去别的地方帮忙挖掘化石。出发之前，我培训了一名志愿者，确保她可以在此期间追踪鸸鹋，记录数据。她看上去十分能干，坚定果敢，但她会不会忽略掉一些事项？挖掘化石有趣极了，但我满心担忧着鸸鹋的事，提前一天离开了。

回到营地后，我发现那位志愿者记录了100多页数据，追踪鸸鹋的工作也完成得很好。我只在动身寻找鸸鹋前瞥了一眼数据。正值黄昏，风雨交加，3只大鸟焦躁不安，越跑越快——刮风下雨时他们总是这样。我打破了自己设定的规则，试图追上他们，却眼睁睁地看着他们消失在乌云密布、越来越暗的天际。雨水变成了冰雹，我赶紧躲进树丛中，全身都湿透了。

我意识到，我真正想要的并不是3只鸸鹋的相关数据，我只是想和他们待在一起。

❈

就无偿工作而言，6个月的时间已经很长了，此前我一直计划着工作半年后就返回美国。很快我就要收起帐篷，搬到新罕布什尔州的一个小镇上，霍华德在那儿租了一栋小平房。临行前5天，我发现3只鸸鹋坐在一片野田芥边，他们常常待在那儿。我朝他们走过去时，“小跛腿”抬头注视着我，接着另外两只鸸鹋也抬起头来，将目光转向我。那天风很大，足以将他们吹翻在地，因此他们才会坐下来吧？我伏倒在地，以免被风刮跑，鸸鹋们则一边大口吃着野田芥，一边梳理着羽毛。风渐渐小了，正午时分，我们再次出发，向我第一次见到他们的那个地方信步走去。我们穿过了一大片望不到边际的带刺植物，穿过了保护区内的主路。一辆卡车驶过，但鸸鹋们这次没有惊慌。我与“黑脑袋”之间的距离不足3英尺，迎上了他的目光，接着我又看向“秃脖子”和“小跛腿”。我从没见过他们如此镇定，我想，不如就在今晚行动？

这将是一个漆黑无光的夜晚，我能否得偿所愿，观察到他们睡觉的样子呢？

即使黄昏降临，鸸鹋们也没有显露出丝毫紧张的神态，他们都没有跑开。我们走进了一片茂密的丛林里，以前我从没来过这儿。在光线渐暗的树林中，我只能看到5英尺之外的“小跛腿”。在我们相识的几个月中，他的伤明显好多了，但我对他仍怀有一种特别的柔情。在黑暗中，“小跛腿”允许我与他走得如此之近，这份信任对我来说意义重大。我能听到“秃脖子”和“黑脑袋”平稳镇静的脚步声。

我看不见自己收集的数据资料，也看不见手表上的时间，就连星星都隐在了云朵后面。我听到3只大鸟坐了下来，砰砰两声，先是膝盖着地，接着是胸口。我看不到他们在做什么，却可以听到他们长满鳞甲的大脚来回落地时发出的窸窸窣窣声，以及他们用鸟喙梳理羽毛时轻柔的沙沙声，然后是一片寂静。我不再关心研究数据了，重要的是当他们在这个漆黑而安全的地方沉入梦乡时，我们在一起。

❉

离开前的那天，从黎明到黄昏，我一直跟在他们身后。我迫切地想要回到霍华德身边，看一看我的雪貂、多情鹦鹉和其他朋友，但一想到要与鸸鹋分离，我就心痛不已。他们送给了我许多无价的礼物：梳理羽毛时他们平和、安静、抚慰人心，在风中扭动着脖子跳舞时他们充满快乐、生机勃勃，饱餐槲寄生时他们心满意足。我真希望自己也能将这些情绪传递给他们。

在澳大利亚内陆，我学到了许多东西，大到如何做行为学研究，小到如何在户外上厕不尿湿自己的鞋子。在丛林中生活了 6 个月后，我明白自己这辈子永远也不可能将双腿塞入丝袜，坐在办公室里听老板指挥。我知道自己将用余生书写这些动物，任凭它们的故事引领我到天涯海角。莫莉拯救过我的生命，让我看到了自己的命运。3 只鸸鹋迈着长长的、不可思议地向后弯曲的腿，允许我与他们一同悠然走完这条漫漫长路上的最初几步。

我收集到的那些关于鸸鹋的资料是前所未见的，却没有让我十分吃惊。与珍・古德尔观察到的黑猩猩的行为不同，我并没有看到这些大鸟使用工具，或者与其他鸸鹋群体开战。但就在我与鸸鹋们共度的最后几个小时里，我发现身为一个写作者，有一件事对我来说相当重要。若想了解任何动物的生命，我需要的不只是好奇心、专业技巧和聪明才智，我还需要激活自己与莫莉之间的那条纽带。我需要的不只是开放的思想，还有敞开的心扉。

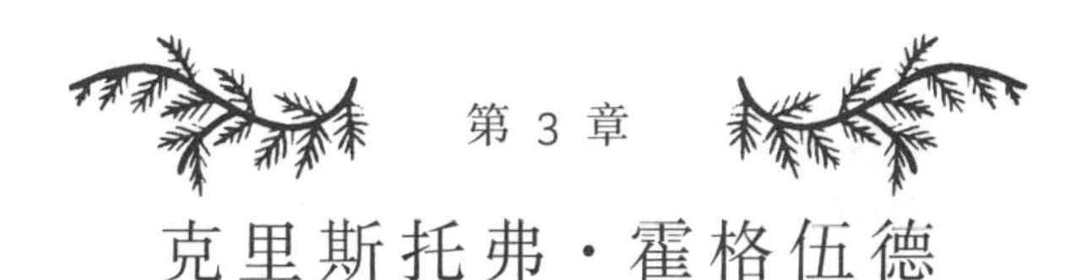

第 3 章

克里斯托弗·霍格伍德

❋

克里斯托弗大概是我见过的最可爱的宝宝了。

他长着一对引人注目的大耳朵（一只淡粉，一只黑色），

有一个喜欢四处乱嗅的粉嘟嘟的鼻子。

他的一只眼眶上长着黑斑，

看上去就像著名啤酒广告里的牛头梗斯巴茨·麦肯兹。

因为个子很小，他显得格外可爱。

他的小蹄子还没有25美分硬币大。

❋

霍华德和我在新罕布什尔州漫游，我们喜欢这里的森林和湿地，喜欢这里短暂而炎热的夏天、红叶似火的秋日，还有覆盖着晶莹白雪的冬季。我们都找到了自由职业。杂志上有关巨型昆虫和负鼠的研究将我吸引到了新西兰，我在夏威夷和加利福尼亚研究动物的语言，为《波士顿环球报》的一个有关大自然的专栏写稿；霍华德的文章常常发表在《美国佬》、《古迹保护》、《美国遗产》和各种各样的报纸上。我们与将小平房租给我们的那对夫妇成了好朋友。小平房就坐落在新伊普斯维奇小镇的主干道上。当我们的藏书和资料越积越多，这个小地方终于不够用时，我们又搬去了附近一个更小的镇子汉考克，那里有一座占地8英亩[1]的农场，农舍是两家人合住的，我们住其中一套房子。农场里有一条小河、一座谷仓、一片围着篱笆的农田。经历了在军营中长大、居无定所的童年，现在我觉得自己终于找到了家。

霍华德的第一本书出版了，我们为此庆祝了一番。那是一本关于未来城市的书，叫作“大都会”。我也签下了第一本书的出版合同，为了写完它，我要动身去东非和婆罗洲岛做调研。我将以这本著作致敬我童年时代的偶像、灵长类动物学家珍·古德尔、戴安·福西和蓓鲁特·高尔迪卡。我和霍华德在朋友的农场中结婚了，前来参加婚礼的有30个人、4匹马、3只猫、1只狗，以及1匹刚刚出生的小马驹。

可是接下来的一切都乱套了。

我们住的那套房子被公开出售，我的出版商也毁约了。不过，我还是去了非洲，珍·古德尔答应我，会在荒僻的营地里与我见面，但在这趟历时两个月、横穿3个国家的科研之旅即将结束时，她改变了主意。就这样，我

1 1英亩≈4 047平方米。——译者注

被困异国他乡，一筹莫展，也没有收集到写作书稿第一章所需的资料。最糟糕的是，我的父亲——我心目中的英雄——罹患肺癌，生命垂危。我感觉自己即将失去一切：我和霍华德的家，我的新书，我的父亲。

这似乎不是一个收养新生动物的好时机，尤其是一种我们对其几乎一无所知的动物。然而，那年3月，在一个阴郁的日子里（在那种日子里，你刚踩下油门，冰冻的泥点就会溅得满车都是，地上的残雪看上去就像湿透的餐巾纸一样令人倒胃口），我们驶过泥泞的道路，去往前途未卜的临时住所，我的膝盖上放着一只鞋盒，里面是一只极其虚弱的、长着黑白斑点的小猪。

⁂

是霍华德答应收养这只小猪的。当我在弗吉尼亚州照顾父亲时，附近小镇上的几个农民朋友打来了电话。那年春天，他们温驯可爱的母猪产下了一群小猪崽，其中有些身体很弱。体型最小的那只还没有其他小猪的一半大，他很虚弱，染上了猪圈里盛行的每一种疾病，两眼通红，身上长虫，腹泻不止。农民们叫他“小花斑”。这只小猪需要极其细致的照顾，而农民们没有时间做到这一点。更何况就算他痊愈了，也没人愿意将这么瘦小的猪送进冷冻柜（其他小猪都将面临这样的命运）。所以，我们能将他带走吗？

通常情况下，霍华德甚至不会向我提起这通电话。他连当地的动物收容所都不准我去，他怕我会带着那里一半的动物回家。我们不再养雪貂了，但搬去汉考克后，家里的那对多情鹦鹉又多了些伙伴：一只被主人遗弃的鸡尾鹦鹉，一只无家可归的深红玫瑰鹦鹉，以及房东那只顽皮可爱、灰白相间的猫。然而，霍华德此时迫切地想让我振作起来。而他能想到的最好办法，就是收养一只小猪。

我们为这只小猪取名“克里斯托弗·霍格伍德”，与那位创办了古乐学会乐团的指挥家同名，我们常常收听新罕布什尔州广播电台，欣赏霍格伍德的音乐。我们希望，这个小家伙需要的只是一些温暖和爱，只要那些饥肠辘辘的兄弟姐妹暂时别再把这只小猪从食物前挤走，他就会好起来。

但我们从没养过猪，事实上，除了雪貂生下的幼崽外，我们从未抚养过宝宝——无论是动物的还是人类的。而那些幼崽也自有雪貂母亲照顾。我们甚至无法确定，克里斯能不能活下来。即使能，我们也很难判断他会长到多大、多重。我们不知道他能活多久，因为大多数小猪都会在6个月大时被送去屠宰场。

然而，后来最令我惊奇的一件事是，自从我们将克里斯托弗·霍格伍德带回家后，这只生病的小猪就开始疗愈我了。

⁂

“哼！哼！哼！”每当克里斯托弗·霍格伍德竖起他那对毛茸茸的大耳朵，捕捉到我走向谷仓的脚步声时，就会这样朝我嚷嚷，仿佛迫不及待地想见到我。我们一看到对方，就会兴奋地尖叫起来。我和霍华德用草垫和细绳搭了一座猪圈，我会推开临时修建的猪圈小门，坐在干草和木屑中，喂克里斯托弗吃早餐。

饭后，他会拱着神奇的鼻子，一边仔细嗅着草坪，一边若有所思地咕哝着，发表意见。等他在草坪上待腻了，我们就走回猪圈，他将嘴拱进我的臂弯里，我们依偎在一起。他的嘴巴超级有劲儿，也潮湿得一塌糊涂。

克里斯托弗大概是我见过的最可爱的宝宝了。他长着一对引人注目的大耳朵（一只淡粉，一只黑色），有一个喜欢四处乱嗅的粉嘟嘟的鼻子。他的一只眼眶上长着黑斑，看上去就像著名啤酒广告里的牛头梗斯巴茨 · 麦肯兹。因为个子很小，他显得格外可爱。他的小蹄子还没有 25 美分硬币大。想想看吧，他可是一只可以被装进鞋盒里的小猪！尽管体格很小，克里斯托弗的个性却很强。他总是兴高采烈，好奇心旺盛，非常擅长与人交流。很快，我们就听懂了他叫声背后的意图。“哼！哼！哼！”的意思是“过来——快一点儿！”，“哼？哼？哼？”的意思是“早餐吃什么？”。他还会缓缓发出低沉的叫声，“哼，哼，哼”，示意我揉揉他的肚子（摸到最舒服的地方时，他就叫一声“哼——”）。他会尖叫“噫”表达兴奋，不过他不高兴时通常也会高声大叫。见到霍华德时，他会用一种特有的咕噜声打招呼，见到我时则会发出尖细一点儿的声音。他允许我把他的蹄子包裹好。我真没想到自己会那么爱他，连我自己都被惊到了。

⁂

可惜的是，父母见到我时并不像我见到小猪宝宝时那样开心。他们被我气疯了，因为我没有变成他们所期待的样子。他们曾劝说我去大学里接受训练，为进入军队做准备，我拒绝了。他们在华盛顿的海军城镇俱乐部和海军乡村俱乐部里为我保留了会员资格，希望我能在那种地方觅得一位军人配偶。我也没有这样做。我将选择谁作为人生伴侣，这件事在他们看来犹如最后一根救命稻草。霍华德长着一头浓密的卷发，思想激进，大概是他们眼中距离军队长官最远的人了。更别提他还是一个犹太人，而我是在一个信奉卫理公会教义的家庭中长大的。霍华德来自一个开明的中产阶级家庭，我的家庭则既富裕又保守。我和霍华德婚礼之后的那个星期，一封语气恶毒的信寄到了我手中——父亲正式与我断绝了关系，他将我比作《哈姆雷特》里的毒蛇，“那害死你父亲的毒蛇”。父母将我视为异类。

然而，大约两年之后，当我从加州的姑姑口中得知父亲生病的消息时，我立即登上了飞往华盛顿的航班，前往沃尔特·里德陆军医疗中心，想在父亲做完第一次肺部手术后陪在他身边。我的到来让父母很高兴，我每次前去探望他们都很高兴。然而，我的父母却从未接纳我的丈夫，哪怕在父亲的葬礼上霍华德也备受冷落。父亲去世时，我就陪在他身边，但他一直没说他原谅了我，母亲也无法接受我过着与他们截然不同的生活。

与我的人类家庭不同，我和克里斯托弗之间的差异（他有 4 只脚，我有两只脚；他有蹄子，我没有；等等）并不会伤害我们的关系。他是一只猪，我因此喜爱他，就像我喜爱莫莉的原因一样。“尽管莫莉是只狗，我仍然喜爱她”，这么说是不对的；我喜爱莫莉，恰恰因为“她是只狗”。我将很快发现，克里斯托弗也怀着极大的包容心，接受（或许也谅解）了我身为平凡人类的事实。

❈

除了生理上的不同，我与克里斯托弗还有一个显著差异：我很害羞，他则相反。克里斯托弗很外向，喜欢有人陪在身边。因此，他常常从猪圈中闯出来。我们在猪圈临时安装的小门上拴了一大堆弹力绳，但克里斯托弗拥有小猪的高智商、灵活的鼻子和嘴唇，总能设法把绳子扯开。他想去隔壁邻居家看看。

“我家的草坪上有只小猪！是你们家的吗？”我接到电话后赶紧冲出门去找他。有时候我还没睡醒，穿着睡衣就跑了出去，这可不是与人交往的好姿态，特别是面对我并不相熟的邻居时。但我总会受到欢迎，因为当我赶到时，克里斯托弗已经赢得了邻家主人的心。他们挠着克里斯托弗的大耳朵，揉着他的肚子，或者好吃好喝地招待他。“他太可爱了！太友善了！”他们连连赞叹，想了解有关克里斯托弗的一切。

从前我总是找不到社交话题，对于大多数人谈论的东西，诸如孩子、车子、运动、时尚、电影，我都一无所知。但现在，就算参加曾经避之唯恐不及的派对，我也能贡献一些谈资：克里斯托弗如何机智地逃出了猪圈；猪不仅能记住人，还能记得几年之前见到的人；克里斯托弗喜欢吃西瓜皮，讨厌吃洋葱，他从来不会狼吞虎咽，而是小心谨慎地咬下每一口食物，再用嘴唇文雅地从碗里衔起。人们会问我们打算拿克里斯托弗“怎么办”。“我是个素食主义者，我丈夫是个犹太人，”我解释道，“我们肯定不会吃他，但我们也许会送他出国，供大学做研究之用……”然后我们会邀请朋友来家里，“吃晚餐，看表演”。如果他们带来了自家的剩饭，比如不新鲜的面包圈、吃剩的通心粉和奶酪、结霜的冰激凌，就可以观看克里斯托弗吃下这些食物。这种场合总是令人愉悦。美国人讨厌浪费食物，看着克里斯托弗吃东西，你就会被他的开心感染。很快，陌生的邻居们都变成了我的朋友。

克里斯托弗出现的时间刚刚好，因为霍华德和我现在是小镇上的“地主”了。我们终于能够买下栖身的那所房子了，这真是一个奇迹。房东发现农场刚好比 8 英亩小一点儿，只能算作一块地而不是两块，房价就此降下来了。我们被一只渐渐长大的小猪牢牢拴在心爱的家中，就像所有年轻的新婚夫妇一样安顿下来，我们觉得是时候让这个小家庭变大了。

❊

最先到来的是“姑娘们”，我最好的朋友之一送给我

他教会了我们如何去爱。
他告诉我们如何去爱那些生命
赐予你的东西，甚至是生命赐予
你的泔水。

们8只她亲手养大的黑母鸡做暖房礼物。她们看上去就像一小群修女，只不过修女没有赏心悦目的红鸡冠、橘黄色的眼睛和粗糙的黄爪子。她们在地里走来走去，变换着队形，抓虫子，发出欢快的咕咕声。一看到我们就争先恐后地过来问好，盼着从我们手里得到好吃的。有时她们会蹲在我们跟前，想让我们摸一摸，或者抱起来爱抚一番。

接着，苔丝来了。她是个古典美人——一只黑白相间的长毛边境牧羊犬，却有着坎坷的过去。这种为放牧家畜而培育的狗以性格独立、冲动、任性、机敏闻名，霍华德一直想养一只。但边境牧羊犬也有个缺点，如果看不见牛群或羊群，它们就会袭击昆虫或者校车。它们需要不断寻求刺激。当苔丝还是一只小狗时，她在一场晚宴上跳上了餐桌，然后就被主人送去了我家附近的一个动物收容所。收容所由当地一位著名的爱宠人士伊芙琳·纳格利经营。某个冬日，苔丝在和一个孩子玩耍时，后者将球扔到了街上，一辆铲雪车正好驶过。苔丝花了将近一年的时间才从大大小小的手术中恢复过来，之后她被另一户家庭收养，但一年后又被送了回来，因为收养她的那对夫妇在经济萧条中失去了房子。我们从伊芙琳的收容所中将苔丝带回家时，她虽然只有两岁大，却已尝尽了痛苦、失去和被遗弃的滋味。

尽管有条腿受过伤，苔丝却很擅长运动，她会凌空跃起，抓球和接飞盘。她能听懂很多句子，总是十分顺从。然而，除了与我们进行她最喜欢的运动（大概每小时一次），其他时候苔丝与友好外向的克里斯截然相反，对人充满了警惕。如果没有得到我们的指令，她就不会去上厕所或吃东西。她允许我们爱抚她，却似乎对此感到很困惑。她几个星期也不叫一声，好像害怕在屋子里发出声音。我们第一次让她与我们同睡一床时，她一脸惊愕地看着我们。我们拍了拍被褥，她顺从地跳上了床，紧接着又跳了下去，仿佛认为我们想让她做的一定不是这个。

看上去苔丝正在克制她的情绪，但我和霍华德知道，我们可以改变这一点。爱虽然不能治愈我罹患癌症的父亲，但我发现它可以拯救一头病弱的小猪——一岁的克里斯托弗结实健壮，有250磅重，还在不断长大。我们的爱当然也能治愈可爱的苔丝，驱散她往昔遍尝的艰辛与不幸。

❉

宛如童话故事中的情节，小狗到来以后，下一个出现在我们生命之中的是孩子，但迎来他们的过程却不同寻常。

我从不想要孩子，甚至当我还是个孩子时，也没有幻想过这种事情。那时我发现自己永远也不可能生下小狗，就把“生宝宝”这件事从人生心愿清单中划掉了。人类已经让这个星球不堪重负了。

随着霍华德和我的年岁渐长，我们发现身边的大多数朋友都没有孩子，也有几位年纪较大的朋友，他们的孩子已经是成年人了。我们的生活中没有孩子，对此我从未感到悔恨。而立之年，上天赐给了我一份出色的事业，一个丈夫，一只猫，一只狗，一群母鸡，几只鹦鹉，还有一头将满两岁、重达几百磅的猪。单从生物数量上看，我们的家其实比同龄人的大多了。

克里斯托弗两岁时的秋天，我们发明了一套新活动。如今他太大太壮，不可能再用皮带牵着走了。但我可以用一桶泔水诱惑他（现在这里所有的人都为我们提供泔水），将他引到后院内宽阔的“小猪高地”上。苔丝小跑着跟在后面，嘴里叼着飞盘，她的身后是一队黑母鸡。到达高地后，我倒出泔水，将一条长长的链子拴到我们为克里斯托弗特别定制的挽具上。我对他说着话，在他吃东西时将飞盘抛给苔丝。10月的一天，我们正在做这些事的时候，克里斯托弗突然停住了嘴，他抬起头，抽动着鼻孔，发出“哼”的一声。我抬眼看去，两个金发小女孩正朝我们跑来，好像被磁铁吸过来了一样。

“这比马还酷呢，这是一头猪！”那个10岁的女孩朝她妹妹喊道，接着又转向我，“我们能摸摸他吗？”

我给她们演示，如果揉揉克里斯的肚子，他就会侧身躺在地上。小猪幸福地哼哼着，几只小手伸向他耳朵后面最柔软的皮毛，我在一旁指给她们看克里斯托弗蹄子上的4根脚趾、他刚刚长出的獠牙、他腹部的许多乳头。两个小女孩被深深吸引了。

克里斯托弗当然喜欢她们的陪伴，苔丝也喜欢追赶从另外一双手中抛出的飞盘。就在母鸡啄食我们周围溅出的泔水时，我得知这两个小女孩的家人很快就会租下我家旁边的空房子。因为一段不愉快婚姻的结束，她们失去了自己的家。她们并不喜欢这栋新房子，直到此时此刻。

自从搬进她们的新家后，10 岁的凯特和 7 岁的简几乎天天来我这儿。她们常给克里斯托弗带三明治和苹果，但我很快就发现，这些食物是她们早上离开家后省下不吃的。（“我都不知道为什么要给她们准备午饭带去学校了，”她们的妈妈莉拉后来向我坦承，“我还不如把这些食物直接塞到克里斯托弗的嘴里呢。”）她们也会定期宣布，家里的冰激凌结霜太厉害，人吃不了，并坚持用勺子把冰激凌喂给克里斯托弗吃。这时克里斯托弗就会立起身子，将前腿抵在猪圈大门上，张开他那像黑洞一样的大嘴，耐心等待着每一勺冰激凌。很快，克里斯托弗就会用独特而温柔的哼哼声向两个女孩问好了，他可不会这样对待别的客人。

凯特和简还发明了“小猪水疗”。一个春日，凯特认定克里斯托弗尾巴尖上长长的卷毛该梳一梳了——当然，梳完之后还应该编起来。对于这两个还未进入青春期，家里的发箍丢得到处都是，身上散发着泡泡浴味道的女孩，为小猪梳毛的事不可避免地越搞越大，所有的美容小贴士都用上了。

我们从厨房打来几桶温热的肥皂水，之后又接了更多的温水为他冲洗。我们将专为马儿设计的清洁用品涂在克里斯托弗的蹄子上，让它们闪闪发亮。克里斯托弗躺在肥皂水中，心满意足地哼哼着，清楚无误地告诉我们他喜欢这样的“水疗”。但只要水一凉他就不乐意了，他会高声尖叫，好像有谁要宰杀他一样。于是我们赶紧跑回厨房取温水，让他泡得舒舒服服。一触碰到温水，他立刻就原谅我们了。

很快其他孩子也加入进来，其中有几个还成了我家的常客。有些可爱的邻居常常带着他们的孙辈前来，这些孩子住在艾奥瓦，有时会来看望他们。小猪在艾奥瓦并不少见，但孩子们从没见过开开心心地泡温泉、做水疗的猪。有一个十几岁的女孩凯丽，总是十分快活，但她患有癌症，会在做完一组化疗后来到我家。尽管那时克里斯托弗体型巨大，强壮有力，鼻子轻轻一顶就能让柴火堆散架，但他对凯丽总是温柔至极。有一户人家生了两个男孩，在马萨诸塞也有房产，他们有时会将剩饭剩菜放进冰箱存上好几天，再一路运到汉考克给克里斯托弗吃。有一次他们带来了新鲜的巧克力甜甜圈，供孩子们和小猪一起享用。人生第一次，我明白了与孩子们一同玩耍是多么快乐的事，并且每一天我都期盼着这种快乐。

凯特和简的妈妈为做治疗师而开始读研究生后，两个女孩一放学就来到我家，即使她们的妈妈回家了也依旧赖在这里。霍华德送简去参加足球赛，我则辅导凯特写作业。冬天，霍华德会在隔壁一家的柴炉里提前生上火，这样莉拉回家后就不会冻着了。她们会邀请我们一起吃晚餐，我们去野外考察时也会带上两个女孩。我们去了克里斯托弗出生的农场。我们去了一处自然保护区，将一条被困在我家鸡窝里的臭鼬放生。我们参加了佛蒙特的一场天文学会议，在帐篷里过夜。我们烤饼干，读书，共度假日。

母鸡比我们先明白这一切意味着什么。从前她们被圈养在我家的土地上，现在却开始跃过石头围墙，在两家的后院里四处打鸣，好像她们才是这里的主人一样。不知为何，她们明白了一个道理：尽管并无血缘关系，但多亏了克里斯托弗 · 霍格伍德，我们这两户由不同生灵组成的家庭开始融为一体。

⁜

克里斯托弗的名气和他的肚子一样越来越大。5岁时，他已重达700磅。这并不让人意外，因为所有人都给他东西吃。我们的邮递员把不要的菜头攒下来喂他，她会在我们的邮箱里放一张黄色的卡片，提醒我们该取菜头了。隔壁镇子上的奶酪店老板会将好几桶剩饭（有面包屑、做坏了的汤，还有切下来的番茄蒂）送到克里斯托弗的猪圈里，并且常在一边给他唱歌剧。邻居们送来苹果、熟透了的西葫芦，还有做奶酪时剩下的乳清。

克里斯托弗的粉丝遍布世界各地。我为这只体格巨大的小猪拍照，在外出考察研究猎豹、雪豹和大白鲨期间，我用这些照片打动了新朋友的心。在家乡，每个人都很爱他，甚至在每次选举时都有人投票给他。

似乎每个人都被克里斯托弗·霍格伍德深深吸引了，他究竟魅力何在？莉拉后来总结道："他是一尊大佛，教会了我们如何去爱。他告诉我们如何去爱那些生命赐予你的东西，甚至是生命赐予你的泔水。"的确如此、克里斯托弗喜欢食物，喜欢做“小猪水疗”时温暖肥皂水的触感，喜欢那些小手爱抚他耳朵后面柔软的皮肤。他喜欢他人的陪伴。无论你是谁，无论你是孩子还是大人，疾病还是健康，大胆还是害羞，无论你递过来的是西瓜皮、巧克力甜甜圈还是一只空空的、只想揉揉他耳朵的手，克里斯托弗都会兴高采烈地发出欢迎的哼哼声。难怪人人都爱他。

在这尊“大佛”的蹄子下学习，每一天我都获益良多。我学会了如何在大千世界中尽情享受、全情投入，感受晒在皮肤上的温暖阳光，体验和孩子们一同玩耍的快乐。克里斯托弗宽广的胸怀和庞大的身躯，也让我的感伤变得渺小起来。在度过了一段四海为家的日子后，克里斯托弗给了我一个真正的家。在父母与我断绝关系后，克里斯托弗帮助我建立了一个真正的家庭——它由一群并无血缘与婚姻关系的人类及各种各样的动物组成。这不是一个由基因或血缘缔结的家庭，这是一个因爱而生的家庭。

第 4 章

克莱拉贝儿

⁂

看她轻轻慢慢地爬动，

小心翼翼地从我的肌肤上走过，

一股柔情涌上了我的心头。

晚上回到住处后，我们发现她还在那里。

"我想我们有宠物蜘蛛了。"

萨姆宣布道，他叫她克莱拉贝儿。

⁂

蹲在丛林中，汗水从脸颊上流淌下来，我正在等待一只野生动物从巢穴中向我冲来。

几个小时前，我才和尼克·毕晓普在南美洲北部的法属圭亚那着陆，毕晓普是一名摄影师。我们飞过了大片的红树林沼泽地，它们宛若巨大的马赛克图案，接着是一望无际的顶级森林[1]。别人告诉我们，夜晚抵达这里时，最让人印象深刻的就是那种黑暗。这个国家只有15万居民，国土面积和印第安纳差不多，大部分土地都被原始的热带雨林覆盖着。但我们是在白天抵达的，随即前往特雷索尔

1 顶级森林（climax forest），未经人力干涉破坏的森林，以及没有被自然力量过多改变形态的森林。——译者注

自然保护区追踪“猎物”，同行的还有一位来自俄亥俄海勒姆镇的生物学家萨姆·马歇尔。

在此之前，我去过三块大陆上的丛林，为我的书做调研。在那里，我与狮子、老虎和熊渐渐熟悉起来，但这次旅程与众不同。和以往类似，我们此行的考察对象是在其生态系统里居于最顶层的掠食者，并且是其族群中体型最大、最威风凛凛的那一种。不过，这回我们要寻找的是蜘蛛。

萨姆称我们此行追踪的物种为“丛林女王”，即地球上最大的毛蜘蛛亚马孙巨人食鸟蛛。体型较大的雌性食鸟蛛的体重可达1/4磅，脑袋会长到杏那么大，足部的长度可以覆盖你的整张脸。如果萨姆找到的那只雌性食鸟蛛真的从她用丝织成的、直径20英尺的巢穴中冲出来，她也许真能盖住我的脸。

这个念头令我惴惴不安。尽管没有哪种毛蜘蛛的毒液可导致健康的成年人死亡，但如果被巨人食鸟蛛半英寸长的黑色毒牙咬一下，肯定会皮开肉绽。如果被它喷射了麻痹猎物的毒液，随之而来的恶心、出汗和疼痛也够你这一天受的了。

然而，我们红头发的向导趴在地上，脸距离蜘蛛巢穴只有几英寸，恳切地呼唤着她。“出来吧！”萨姆喊道，“我想见见你！”蜘蛛最爱捕捉昆虫，而不是鸟类，因此萨姆来回摇动着小树枝，模拟昆虫飞动的声音，终于感觉蜘蛛用她的须肢抓住了树枝。须肢是长在蜘蛛头部前端的附肢，用于抓取食物。“她的力气可真大！”萨姆评论道。他戴着头灯，在光线的照射下，可以看清这是一只雌蜘蛛。雌性毛蜘蛛的个头比雄性大，某些品种甚至可以活到30岁。萨姆又摇动了几下树枝，巢穴里传出嗞嗞声。亚马孙巨人食鸟蛛会用浅色的刚毛摩擦前肢内侧，发出这种声音来恐吓对手。这的确起到了恐吓的作用，萨姆刚向我们递来一个警惕的眼神，就立刻大喊：“她来了！”

巨大的蜘蛛一路发出轰鸣声，从洞口爬出。她的8条腿各分为7节，跗节像马蹄一样踏在森林中脆弱易碎的落叶层上，发出清晰的嗒嗒声。她的脑袋有小奇异果那么大，腹部与小柑橘大小相仿。萨姆告诉我们，这只蜘蛛大概两岁，还未完全成年。然而，当面对我们3个加起来比她重4 000多倍的“怪物”时，这个“小姑娘”毫不畏惧地横冲直撞，一下子向前蹿出了四五英尺远。毛蜘蛛没有找到猎物，明智地退回巢穴洞口，保持高度戒备。她的8只单眼已经退化，但这无关紧要，她可以用脚嗅出气味，以及凭借腿上特殊的细毛感知味道。站在巢穴洞口她自己纺的那堆丝上，她可以捕捉到最小的昆虫落脚时发出的响动。萨姆向我们保证，她知道我们在这里，却一点儿也不害怕。

这样的经历就像遇到一只老虎一样令人难忘，而对于蜘蛛，我远不如对老虎那样了解。我当然见过很多蜘蛛，却从未真正“遇到”过一只。一切即将改变。

❉

萨姆俯视着另一个亚马孙巨人食鸟蛛的巢穴，将手电筒光下的景象描述给蹲在一旁的我和尼克听。“打！打！打！”蜘蛛正在攻击他手中的树枝，“退后……出击……”

“她不会出来和我们玩耍，”萨姆终于大失所望地说道，“她站直了身子，我做的事让她不太高兴。”遇到危险时，毛蜘蛛会将身体重量放在后腿上，高高地立起身子，将前腿举起，好似一位随时准备出击的跆拳道黑带高手。她还会露出长长的黑色毒牙，有时牙尖上还挂着一滴毒液。

萨姆不害怕被蜘蛛咬到（他研究毛蜘蛛 20 年，从未被咬到），但他将脸从洞口移开了。“她可能要踢毛了。”萨姆解释道。一只被激怒的亚马孙巨人食鸟蛛往往不会咬人，而是会抬起后腿，将腹部的蜇毛踢下。这些毛会随着气流进入攻击者的眼睛、鼻子，或是沾到皮肤上，引起连续几个小时的疼痛和瘙痒。

萨姆当然不想这样，研究亚马孙巨人食鸟蛛两天后，他身上已经够痒的了。咬他的是其他无脊椎动物，多半是蜱虫和恙虫。但他向我们保证，这片雨林“比俄亥俄的森林仁慈得多”，他在那里建立了蜘蛛实验室。每天晚上我们都得用苯海拉明和埃克塞德林止痒、消肿、缓解肌肉酸痛。

尼克和我发现，我们的日子有多么令人兴奋，就有多么令人筋疲力尽。“我全身都痒，”到达法属圭亚那的第三天，我在田野笔记中写道，“汗流浃背，灰头土脸，身上全是蜱虫，多到我们都懒得看了。”食鸟蛛的巢穴通常出现在 45 度角或者更陡的斜坡上，地面上覆盖着巨大而湿滑的叶子和腐烂的木头，时常在我们脚下塌陷。虽然这里只有两种常见的植物长着尖刺（一种是棕榈，另一种是藤蔓），我们却常常遇到它们。在32摄氏度的高温和90%的湿度条件下，即使最细小的伤口也可能会迅速引发严重感染。每一片枯黄的叶子下都有可能藏着黄蜂的巢穴（萨姆在我们来这儿的第二天就被蜇了）。在落叶堆里和倒下的枯木中，致命的矛头蛇正潜伏在某处。

所以，我们很高兴每天晚上能够返回翡翠丛林村，那是我们落脚的自然保护中心，由荷兰博物学家乔普·慕恩和他的太太马莱卡经营。这里的客房有粉刷过的墙壁和铁皮屋顶，还有电扇、热水淋浴，以及舒适的挂着蚊帐的床。中心占地广阔，美丽的花园里种满了当地的雨林植物，条条小路纵横交错。最棒的是，即使环境如此舒适，动物依旧随处可见，我们的房间里也不例外。壁虎像雨滴一样在屋里屋外的墙壁上爬来爬去，一只蟾蜍住在我们的淋浴间里。一天早上起床前，我看到一条小蛇在房间地板上将身体蜷曲又舒展，从藏身的地方爬到了我的一只鞋里。

当然，萨姆急于查看我们房间的各个犄角旮旯，搜寻

人不是生来就
怕蜘蛛的。

毛蜘蛛的踪迹。在他房间外的瓷砖走廊里的凤梨属植物盆栽中，他发现了一只。

“快看！一只油彩粉红趾！”一天下午，萨姆朝尼克和我喊道。

“我能借你的笔用一下吗？”他问我。萨姆不是要做笔记，他将笔插入肉质植物锯齿状的、像菠萝一样的叶片间，轻轻戳了戳这只孩子拳头大小的毛蜘蛛，让她爬到他等在一边的手上。

“赛，”萨姆说，“想让她爬到你手上吗？”

人不是生来就怕蜘蛛的，各种各样的心理学实验已经证明了这一点，但蜘蛛恐惧症很容易被唤起。你可以迅速让一个孩子或一只小动物学会害怕，甚至是害怕一朵无害的花。但实验证明，比起害怕植物，人（以及猴子）学会害怕蜘蛛和蛇的速度要快得多。像大多数美国人一样，从小到大我听过很多有关蜘蛛的可怕故事。少女时代和成年之后，我几次早上醒来时发现身上有的地方红肿发烫，医生说我可能是被蜘蛛咬了（萨姆坚称，这通常是误诊）。这给了我一种错觉：哪怕你不招惹蜘蛛，它们也会莫名其妙地咬人；更糟糕的是，它们无处不在，甚至会藏在你的床上。从小母亲就警告我要留神“黑寡妇”，据说这种蜘蛛的毒液比响尾蛇还要毒上10倍。在澳大利亚，我明白了要对红背蜘蛛多加小心，它们是“黑寡妇”的近亲，却比后者更常咬人，因为红背蜘蛛尤其喜欢待在暗处，比如便坑。所有这些记忆都储存在我的大脑中，而萨姆却提出要将一只活生生的野生毛蜘蛛放在我手上。

我低下头，却发现在做出应答之前，我已经摊开了手掌。

萨姆将笔放在蜘蛛身后，轻轻推了推她，她先伸出了一条毛茸茸的黑腿，又伸出了另一条，再一条……最后她站在了我的手上。当蜘蛛腿末尾钩形的跗节碰到我的皮肤时，我感到了轻微的刺痛，很像我从小就喜欢的那种日本甲虫爬过手掌时的感觉。蜘蛛在我的手上站了一会儿，我欣赏着她的样子。她是一个有着乌黑秀发的美人，看上去好像刚做过时髦的足部护理，脚后跟呈现出明亮的、少女般的粉红色。这种蜘蛛因此被取名为粉红趾蜘蛛，它们的性格异常温顺，很少咬人，就连纤毛都不太会刺激人类的皮肤，引发疼痛和瘙痒。

蜘蛛开始爬动，速度缓慢。她抬起前腿，从我的右手掌心爬向举在一边的左手。小时候，我养的第一只从折扣店里买来的乌龟黄眼女士，也会在我手上这样爬。毛蜘蛛和我的那只乌龟差不多重。

接着不可思议的事发生了，我真真切切地感受到，我与手掌中的这个小生灵产生了某种联系。在我眼中，她不再是一只大蜘蛛，而是一只小动物。当然，这两者并不矛盾，“动物”一词指的不仅是哺乳动物，还包括鸟类和爬行动物，两栖动物和昆虫，鱼和蜘蛛，等等。不过，或许是因为这只蜘蛛浑身毛茸茸的，就像一只花栗鼠，体型也大到能让我抱在手里，现在我对她和她的蜘蛛亲戚有了新的认识。她是一个独特的个体，被交到我手中，托付给了我。看着她轻轻慢慢地爬动，小心翼翼地从我的肌肤上走过，一股柔情涌上了我的心头。

直到她开始加速——她在做什么？

“它们的确会越爬越快，有时甚至会挤在一起向上飞。”萨姆解释道。他的实验室里偶尔会发生这样的事，这时萨姆会让学生们退后，除非他们想让蜘蛛飞到自己身上。尽管油彩粉红趾会在屋檐下，或者在菠萝种植园里叶片的弯曲处织网做避难所，但它们仍旧知道自己的归宿是树木。如果感觉受到了威胁，它们就会向上一跃。

此刻我很紧张——非常紧张，以至于身体开始发抖。但我担心的不是毛蜘蛛会跳到我脸上。一想到这个美丽温顺的生灵有可能会落到走廊的瓷砖地板上摔伤，恐惧感就令我一阵眩晕。和其他种类的蜘蛛一样，她的骨骼长在身体外面，摔上一跤很可能会骨折。一个美丽的野生动物或将失去生命，而这也许是我的错。

“我想我最好把她放回去吧。”我对萨姆说。我把蜘蛛放回他手里，他又将蜘蛛放回到凤梨盆栽中，蜘蛛钻进了她用丝编织的巢穴里。

⁂

那天我们继续搜寻和记录蜘蛛巢穴，晚上回到住处后，我们发现她还在那里。“我想我们有宠物蜘蛛了。”萨姆宣布道，他叫她克莱拉贝儿。

对一位优雅美丽的淑女而言，这个名字再合适不过了，克莱拉贝儿恰恰是位淑女。萨姆告诉我们，毛蜘蛛是“爱干净的小主妇”，无论是在树上还是地上，它们总会在避难所的最里层织上新鲜干燥的丝。“它们就像平凡版的玛莎·斯图尔特[1]！”萨姆告诉我们。蜘蛛常被人看作肮脏恶心的“虫子”，但毛蜘蛛却像猫咪一样整洁，只要身上落了土，就会仔仔细细地清理干净。它们一丝不苟地用嘴打理腿上的毛，把毒牙当作梳子。

我们越来越喜爱克莱拉贝儿，每天早晚都会查看她的情况。毛蜘蛛通常都能吓退敌人，但有时也会失败。一只手指灵活的哺乳动物（比如特别有耐心的猴子），或是不畏艰难的长鼻浣熊（能经受住蜘蛛纤毛铺天盖地的袭击），可以将毛蜘蛛从巢穴中掏出来吃掉。某些鸟类也能做到这一点。雌性蛛蜂属黄蜂是一种蜂鸟大小的飞虫，它们会将毛蜘蛛叮晕，然后在毛蜘蛛的皮肉里产卵，幼虫孵化后即可尽情吃掉宿主。白天出门后，我有时会很担心克莱拉贝儿，回到营地后发现她在凤梨盆栽中安然无恙，便可长舒一口气。

我很好奇：克莱拉贝儿认得我们吗？“蜘蛛和所有生

1 玛莎·斯图尔特，美国家政女王，通过做家政成为女富豪，曾因丑闻陷入司法纠纷，被判入狱。——译者注物一样，每一个都是独立的个体。”萨姆向我们保证。他从13岁起就开始养宠物蜘蛛了，在俄亥俄的实验室里，他饲养了大约500只蜘蛛。通过与蜘蛛多年的接触互动，萨姆了解到，就算同一品种的蜘蛛，也是有些性格镇定，有些容易紧张，有些随着时间的流逝性格还会有所改变，比如他在场时似乎更冷静一些。后来，我和尼克一起参观了萨姆的毛蜘蛛实验室。萨姆的一个学生告诉我们，当萨姆走进实验室时，有些不同寻常的事情发生了。尽管萨姆饲养的很多毛蜘蛛天生没有视力，但只要他（也只有他）走进来，500只毛蜘蛛就会无一例外地在玻璃容器中调转方向，朝向他。

❊

日子一天天过去，我们把克莱拉贝儿放在手心里时，她越来越放松了。当然，这可能是因为我们越来越习惯她了。也许她是在无意中教导我们要镇定一点儿，并对我们捧起蜘蛛时与日俱增的自在做出回应。与这只野生小动物如此亲密地互动，我们三人都乐在其中。她让我们在翡翠丛林村更感舒适自在，仿佛回到了家。

一天，尼克扔给了她一只树螽，趁机拍下了她吃掉昆虫的照片。大多数蜘蛛将致人麻痹的毒液注入猎物体内后，腹内的液体也会流入猎物体内，使对方液化，接着它们会吸干猎物的身体，将表皮扯下。但毛蜘蛛不会如此行事，克莱拉贝儿用毒牙后面的牙齿磨碎食物。虽然我很同情那只树螽（它是我们熟悉的、友好的蟋蟀的表亲），但能赠予克莱拉贝儿食物让我很高兴，因为她已经赠予我们太多东西，即将成为“蜘蛛大使”了。

⁕

我们在法属圭亚那的最后一天早上，萨姆将克莱拉贝儿赶进了一只塑料熟食盒中。在最后一次前往特雷索尔自然保护区的旅程中，我们要带上克莱拉贝儿，然后将她放回我们初次见面时她所在的盆栽中。其间萨姆为克莱拉贝儿组织了一场见面会，参会者都是像她一样个子小却很重要的人。

在通往丛林的小路尽头，9 个孩子等候着我们。他们来自当地学校，年龄在6到10岁之间，都是附近鲁拉村的村民。乔普用法语向孩子们介绍萨姆：“今天我们见到了马歇尔博士……”萨姆却急于介绍那位真正的贵宾，他将熟食盒从背包中掏出，小心翼翼地揭开盒盖。毛茸茸的腿一只接一只地探了出来，克莱拉贝儿镇定地爬上萨姆的手掌。

“谁想摸摸她？”他问孩子们。

有那么一会儿，孩子们都不说话。一个小女孩先前坦承她害怕蜘蛛。但随后一个戴棒球帽的10岁男孩举起了手。萨姆向他展示如何伸出手掌，让克莱拉贝儿爬过去。她的动作是那么优雅和从容不迫，很快9只小手都朝她伸了过来，就连那个怕蜘蛛的小女孩也伸出了手。

那天尼克为我们的新书拍摄了很多照片，我至今仍很喜欢照片里孩子们伸出的小手，棕色的、粉色的，小心翼翼地握成杯状，迎接着几分钟前还令有的孩子惊恐万分的生物。在一张照片中，3个女孩挤在一起，让克莱拉贝儿在她们的皮肤上漫步。她们低头看着蜘蛛，全神贯注，满怀敬畏。她们神态放松，脸上洋溢着平和——唯有在一只小巧迷人的动物爬上手心时，她们才会显露出这样的神情，她们以一种全新的方式看到了一只家乡森林里的野生动物。那天，我听到一个梳着光洁马尾辫的小姑娘用几不可闻的声音喃喃自语道："这个怪物，她真美。"

❋

克莱拉贝儿接受了我的触摸，从而为我打开了一扇通往蜘蛛王国的大门，那是我从未了解和欣赏过的领地。克莱拉贝儿耀眼而非凡，"个头大"只是其中最明显的一方面。和所有蜘蛛一样，她也拥有不可思议的超能力。因为骨骼长在外面，蜘蛛身体长大后可以蜕下外壳，甚至是口腔、胃部和肺部的内膜。如果一条腿受了伤，她可以将其拽下、吃掉，然后长出一条新腿。她可以从自己的身体里扯出蜘蛛丝，将液态物质变成比棉花还柔软却比钢铁还坚固的丝线。

拥有这些神奇天赋的动物就生活在我的家中，我常常从他们身边经过，却忽视了他们的存在。在汉考克那套房子的地下室里，生活着身体细长、腿部纤秀的蜘蛛，它们倒挂在蜘蛛网上，会在你触碰时仓皇失措地抖动蛛网。我们常常在柴火堆里发现跳蛛，它们视力极佳，似乎总会发现我们，然后跳到一边。我们的谷仓里有许许多多蜘蛛，当其中哪只不出意外地在克里斯托弗的猪圈围栏边结网时，我会很自然地联想到《夏洛的网》中刻画的场景。当然，我绝对不会伤害蜘蛛。在农场的家中，我不大使用吸尘器，因此没有威胁到蜘蛛网。如果一只蜘蛛出现在恼人的地方，比如浴缸里或者我的枕头上，霍华德和我就会小心地将其装在酸奶杯里，送到室外。

或许是因为它们个头太小、太不起眼、没有脊椎，不同于我更熟悉的鸟类、哺乳动物和爬行动物，我从未对蜘蛛多加留意。

多亏了克莱拉贝儿，如今家里最平常的角落也焕发出全新的魔力。我发现，这个世界充斥着远远超出我想象的生命，遍布着像我们一样热爱生活的小生灵。

第 5 章

圣诞白鼬

※

我从没见过这么干净的白色皮毛，

比雪、比云、比海上的泡沫还要白，

看上去简直就在闪闪发光，仿佛天使的衣装。

但它凝视的目光更加触动我的心，

如此大胆无畏，甚至让我喘不过气。

“你要拿我的鸡做什么？”那双漆黑的眼睛在对我说话，

“把它还给我！”

※

圣诞节的早晨，又到了为我家的母鸡准备传统大餐的时候。趁着苔丝在屋里大嚼“节日生牛皮”，克里斯托弗在猪圈里狼吞虎咽地享用着热腾腾的饲料糊糊，我给母鸡们端去了一大碗刚出炉的爆米花，由此拉开圣诞节庆的序幕。每年我都是这样做的，但今天早晨，眼前的场景却让我惊讶而难过：一只年纪较大的母鸡死了。她是一只我们很喜欢的芦花纹鸡，黑白相间，她的脑袋卡在了鸡笼角落的一个小洞里。

我停下手里的活，抓住这只母鸡长着黄色鳞皮的双腿，想将她拎走，但我做不到。有什么东西或者是什么活物抓住了她的头，不让她离开。我不停地拽啊拽，终于把她拽了出来。下一秒钟，洞中出现了一个白色的脑袋，不及一只核桃大，上面长着漆黑的眼睛、粉色的鼻子……嘴边的白色皮毛上有星星点点的深红色血渍。这是一只鼬，一只已经换上了属于冬季的雪白毛发的鼬。它直勾勾地盯着我的眼睛。

我从没见过这种动物，它美极了。我从没见过这么干净的白色皮毛，比雪、比云、比海上的泡沫还要白，看上去简直就在闪闪发光，仿佛天使的衣装。难怪国王要用白鼬的皮毛装点长袍。但它凝视的目光更加触动我的心，如此大胆无畏，甚至让我喘不过气。这个小生灵有我的手那么长，只比一把零钱重一点儿，却专程从自己的巢穴中爬出来挑衅我，哪怕我高高在上、气势汹汹。“你要拿我的鸡做什么？”那双漆黑的眼睛在对我说话，“把它还给我！”

而我呢，自然始终认为那是我的鸡。朋友将孵化的第一窝小鸡送给我后，我就照她的样子，亲手抚养她们（包括这只母鸡和她的所有姐妹）。那时她们才出壳两天，还保留着在蛋壳里的姿态，全身毛茸茸的。这些小鸡在我家中的办公室里长大，我写作时，她们会快活地在我的肩膀和大腿上嬉戏，或是在地板上追来追去，将木屑和羽绒弄得到处都是。有时她们还会踏过电脑键盘，为我的文章添上几个字。

小鸡们就这样长大了，每一只都与我们十分亲昵。我把她们的大本营从办公室挪到谷仓中的鸡笼，将她们自由散养在院中后，只要我和霍华德迈出家门，她们就会冲过来，围在我们身边，好像我们是摇滚巨星一样。接着，她们会蹲在我们面前，等着我们摸一摸，或是将她们抱起来亲亲鸡冠。克里斯托弗系着皮带放风时，母鸡们会跟在一边，有时还会偷吃他的剩饭。她们一点儿也不担心苔丝的威胁，因为后者的心思全在飞盘上，根本不会去追母鸡。我和霍华德在院子里干活时，她们会跟在我们身后，不停地咕咕叫着，欢快地发表评论：我在这儿。你在哪儿呢？有虫子吗？哦，有一只！在那儿……晚上我把她们关进鸡窝后，她们会飞到栖息的木头上（每只都有固定的栖息处，挨着自己最好的朋友），我抚摸着她们，让她们夜间心满意足的咯咯啾啾声包围着我，宛若一首摇篮曲。

死去的母鸡是与我们相处时间最长的几只鸡之一。她帮助我们教小鸡分辨农场的边界，农场是我们与凯特、简和莉拉一家的共有财产。她警告鸡宝宝不要横穿马路，发现有鹰飞过时也会提醒她们小心。她是鸡群中最渴望被爱抚、被喂养的一只。夏天我们在屋外吃饭时，会将桌子摆在高大的银白槭下，她甚至会跳上桌边的折叠椅栖息。

我将她抓在手中时，她的身体还是温热的，而凶手就在我眼前。你或许认为我会怒火中烧，一心想要报复。以前的我的确如此。上幼儿园的第一天，我看到一个小男孩将长脚蜘蛛的腿拽下来，就打了他一顿，结果我很不光彩地被老师送回了家，惹得父母勃然大怒。上大学时，我得知前男友的室友在政府面前为他说了谎，就怒不可遏地去找他对峙。我在上楼时意外遇上了他，令我们两人都很惊讶的是，我这个骨头像小鸟一样轻的小个子，竟然一把抓住了他的衣领，把他推到了墙上。我因为暴怒而浑身颤抖，也为它带给我的巨大力量惊愕不已。

年轻时我惧怕怒火，因为我觉得怒火就流淌在我的血液里。尽管旁人都很敬畏我的父亲，我甚至听说有个下属在他面前吓晕了，但其实父亲性情随和，脾气不坏。而我的母亲却会气到发狂。上高中时，我邀请男友一起参加周六晚上的《圣经》学习小组，活动地点距离我家有几个街区，男友让他的父母在活动结束后来我家接他。我的父母那晚出门了，却在男友离开前回了家。尽管我和男友并没有进屋，喝了酒的母亲还是怒气冲冲地朝我们大喊大叫。父母不在家时，我是绝对不被允许带任何男生进家门的。事实上，我也没有这样做。母亲却威胁要带我去医院，检查我是不是处女。最后父亲设法让她打消了这个念头，但我被禁止与男友见面，而且很长一段时间我都不能参加《圣经》学习小组了。（许多年后，我明白了母亲为何如此愤怒。借着几杯马天尼的酒劲儿，她担心邻居看到一个男孩和她的女儿站在屋外，会认为我家是个“问题家庭”。）

父亲罹患癌症后，在他弥留之际，怒火始终包围着母亲。一天下午我们分别待在父亲的病床两边，提到了一些寻常的财务细节问题，突然母亲保养良好的纤细手指聚拢在一起，朝我脸上打过来。我及时抓住了她悬在半空的纤秀手腕。她朝我挥巴掌时太过用力，以至于我用手拦她时在她的皮肤上留下了一片瘀青。父亲命令我向母亲道歉。

但面对这只杀害了我心爱伙伴的白鼬，我却一点儿脾气也没有。

我眼前的白鼬可能是世界上最小的肉食动物，然而，

我从没见过这么干净的
白色皮毛，比雪、比云、
比海上的泡沫还要白，
看上去简直就在闪闪发光，
仿佛天使的衣装。

所有野生捕猎者（狮子、老虎、狼獾）的凶猛残暴，似乎都被浓缩在这个不足一磅重的小家伙身上。白鼬快如闪电，可以在鸟类飞翔时一跃而起将其杀死，或是钻入地道追捕旅鼠。它会游泳，会爬树，能在树上抓住比它大好多倍的动物，并瞄准对方的脖子，一咬毙命，然后将尸体拖走。白鼬每天要吃5~10顿饭，笼养的白鼬至少要摄入自身重量1/4~1/3的食物，才能维持生存，野生白鼬则要吃得更多，特别是在寒冷的冬季。这种小动物的心脏每分钟会跳动将近400下，难怪它们想方设法地杀死猎物，将那种“一根筋”似的凶猛发挥到极致。

我忽然明白了一件重要的事：我的母亲就像这只白鼬一样凶猛。她是家中独女，我的外祖父母分别是邮政局局长和送冰人，生活在阿肯色州的一个小镇上。成长过程中，我母亲需要面对三道难关：她很穷，她住在乡下，她是个女人。然而，在那个不鼓励女孩读书冒险的年代，她学会了开飞机，上了大学，作为班里的第一名发表了毕业致辞，在FBI（美国联邦调查局）找到了工作，还嫁给了一位军官。在她长大的房子里，透过厨房的地板，可以看到鸡群在泥地里觅食。有时候她会用猎枪打松鼠以改善伙食，我们每次搬家，这支枪都会被放在卧室壁橱的一角。但凭借强大的意志力和聪明才智，母亲改变了一切：军方派人给她打扫房屋、修剪草坪；每逢家中举办派对，还会派一位厨师给她做饭。她的丈夫有一辆指挥车、一艘游艇、一架飞机可以自主支配。童年时期，我总是将父亲视作勇敢坚毅的楷模，他是巴丹死亡行军[1]的幸存者，一位被授予了勋章的战斗英雄。但母亲也是我的榜样，她让我在成长过程中懂得，如果某件事是人类能够完成的，我就可以成为那个人。她的光辉成就，犹如白鼬叼走母鸡一般惊人。

那年早些时候，母亲因胰腺癌去世了。在弗吉尼亚州的医院里，我握着她的手，看她无所畏惧地咽下了最后一口气。贝尔沃堡的医生确诊她得了这种折磨人的绝症后，她没有哼过一声，也没有流过一滴泪。盯着白鼬那双锐利的黑眼睛，我意识到自己有多么爱我的母亲，又是多么想念她。

1 巴丹死亡行军，“二战”中日本偷袭珍珠港后，日本陆军也开始侵略菲律宾。美方守军在菲律宾巴丹半岛上与日军激战数月，因缺乏支援投降。日军将近 8 万美军战俘强行押解到 120 公里外的战俘营，一路无食无水，战俘又遭受了日军的殴打屠杀，约有 1.5 万人丧命。—— 译者注

❉

我盯着白鼬看了大约半分钟，接着它猛地钻回洞中。我迫不及待地想跑回家，叫霍华德来看看它。我猜我回来时这只小动物还待在原地的可能性微乎其微，更别提现身了。我把母鸡放回她倒下的地方，一边跑向30米外的房子，一边呼喊着霍华德。我们一起回到鸡舍，当我再次抓起母鸡时，白鼬又一次从洞里探出了头。它肆无忌惮的目光迎上来，亮白色的脸孔上，那对漆黑的眼睛闪着炙热的光芒。

尽管刚刚发生了一桩惨剧，但圣诞节早晨被一位“天使”拜访，让我们两人惊叹至极。当天使遇见伯利恒的牧羊人时，后者“甚是惧怕”——我小时候一直觉得这句表述很奇怪。在我的《圣经》绘本上，天使就像穿着睡袍、长着翅膀的漂亮姑娘；而在我家的圣诞树上，天使不是在弹竖琴就是在吹号角。会飞的确算得上逸事，但即便在我这个小女孩看来，天使也没什么可怕的。然而，现在我对这些经文上的字句有了更深刻的思考，天使看上去一定更像我们遇上的这只圣诞白鼬，周身散发着纯洁、力量、神圣和完满的光芒。

在谷仓中，我们目睹了一个伟大的奇迹，就像千百年前成群结队走进另一座谷仓的牧羊人一样[1]。我们的圣诞吉报并非来自天堂，而是从地上的一个洞穴里传出。这只白鼬身披耀眼的白色皮毛，心跳如锤，胃口永不餍足，全身焕发着勃勃生机。就像燃亮一根火柴会驱散黑暗一样，这个小家伙的炽热生命也让我心中再装不下愤怒。我的内心被敬畏之情撑得大大的，充斥着宽恕带来的馥郁芬芳。

1 这里指耶稣诞生后，牧羊人听到了天使的通告，走进谷仓看到了躺在马槽中的婴儿耶稣。——译者注

她不仅强壮有力，
还美丽有礼，简直就是
“优雅”的代名词。

第 6 章

苔 丝

※

苔丝的聪慧、力量和灵敏常常令我称奇，

但在那些漆黑的夜晚，

我想我最能清晰地感知到她给予我的恩赐。

和其他人不同，因为有苔丝，

我可以在伸手不见五指的黑暗中运行，甚至玩耍。

和她在一起时，

苔丝借给了我小狗的"超能力"。

※

在一起度过的大部分时光中，苔丝常会打断我们的工作，愉快地跃上我们的膝头。

早晨散步归来后我们给克里斯托弗和母鸡喂食，此刻苔丝会坐在霍华德或我的办公室里，安静地等上一个小时。然后，她的耐心就耗光了。当我们写作时，腿上会突然出现一只球或一个飞盘，于是我们不得不出门陪苔丝玩耍。

有时候我们正写到关键之处，或是刚刚涌出了灵感，却被一个沾满小狗口水的玩具打断，这可不是什么愉快的事情。但坏心情很快就会过去，出于许多原因，没有哪件事比陪伴这只欢快而健壮的边境牧羊犬玩耍更有趣，更让人热爱生活，更有意义的了。

和苔丝玩耍，需要付出一心多用的爱。无论何时，只要苔丝出门，陪伴她的人也得和其他动物打交道。克里斯托弗会发现我们的踪迹，大声地“哼！ 哼！ 哼！”，他想让我们去摸摸他，喂他一勺谷粒、一个苹果、一些泔水，或是牵着他的皮带，带他出去遛遛。母鸡则会围在我们身边，蹲坐在地上，等着被抚摸或被抱起来亲一亲。

但令人高兴的是，如果我们动作迅速，就能趁着把飞盘和球扔出去的空当搞定这些事情，因为苔丝喜欢我们把球和飞盘扔得远远的。霍华德能把飞盘扔到30多米外的地方，而我做不到，也扔不准。但苔丝总能接住我们扔出去的东西，从未失手，无论扔东西的人是谁。霍华德说她“真该得金手套奖”[1]。苔丝不只是和她最喜欢的人玩耍，如果我们一起出门或者有客人来访，她就会轮流把玩具叼给大家。我想，这是因为她非常喜欢玩游戏，以至于认定我们也很喜欢玩，所以总在兼顾公平——没有人应该被排除在游戏之外。我们工作时，如果苔丝先找霍华德玩了一

1 金手套奖，美国职业棒球赛和世界杯足球赛都设立了金手套奖，表彰优秀的接球手或守门员。这里是指苔丝接球很准。——译者注

会儿，她就会在一个小时后找我玩。

看着我们精力充沛的小狗飞奔在农田中，一跃而起接住玩具，我的心情备感振奋，就像唱《奇异恩典》的头一句歌词时那样。苔丝的动作也与歌词十分匹配，她不仅强壮有力，还美丽有礼，简直就是“优雅”[1]的代名词。尤其是想到她在那起可怕的“铲雪车事故”中所受的伤，以及童年时期因被人遗弃而饱尝的痛苦悲哀，她与我们在一起时表现出的优雅与快乐确实堪称“奇迹”。

苔丝带给我们的喜悦一直持续到夜间。我们上床前做的最后一件事，就是和她再玩一轮飞盘。苔丝黑白相间的身体在月光下闪耀着美丽的光辉，但我觉得，在没有月亮的漆黑之夜里，在我根本看不见苔丝的时候，她更加美丽。

我们的乡间小路上没有街灯玷污夜空，有些夜晚几乎像在洞穴中一样黑，我们人类什么也看不到，但苔丝可以看得一清二楚。

1 原文中grace一词既有“恩典”的意思，也指“优雅”“优美”。——译者注狗的眼睛里长有“脉络膜毯”——一种能够聚集光线的反光体，所以猫和狗的眼睛可以在车灯的映照下闪闪发光。在那些最黑暗的夜晚，我追寻着苔丝的眼睛，捕捉她的狗牌发出的叮当声。她带领我走下后院的缓坡，来到农田一角草丛平整的地方。然后，我低声对她说：“苔丝……去吧！”

我会先等上几秒再把飞盘扔往黑暗之中，完全不知道它飞向了哪里。但一两秒之后，我就会听到苔丝的牙齿撞击塑料的美妙声响，知道她腾空而起，叼住了飞盘。

我蹲下身，在黑暗中伸出双手。苔丝会把飞盘径直塞到我张开的手掌中，她知道，如果我在地上摸索飞盘，将会浪费掉宝贵的玩耍时间。

苔丝很快就学会了对我们的几乎所有动作做出本能反应。她总是知道我们要去上面的谷仓还是下面的谷仓，要上车还是进屋。甚至在我们迈步之前，她好像早已知道我们要进哪个房间。有时候霍华德和我会休息一天，带上苔丝去怀特山远足，苔丝会先跑去追赶腿长的霍华德，再跑回我身边。她也总是知道该去小路的分叉处找我，因为苔丝不在身边时，我不可避免地会走错方向。接着她再次跑去追霍华德，然后又一次跑回来找我。霍华德发现，虽然苔丝和我们走的是同一条小路，但在我们到达终点前，她已经来回跑了四五趟。这种为了协助人类放养羊群而培育的狗，以其聪明的头脑闻名，而苔丝利用她的头脑揣摩出我们接下来可能会做的事，以及如何更好地帮助我们。

尽管她如此聪明，但苔丝或许也想不明白为何我在黑暗中什么都看不见。我为什么不能像她一样看得一清二楚呢？不过，她仁慈地包容着我的缺点，耐心地把玩具递到我手里。当我觉得该回家时，只需要轻声说一句“苔丝，过来”，她就会跑到我身边，用狗牌发出的叮当声引领我走回去。

苔丝的聪慧、力量和灵敏常常令我称奇，但在那些漆黑的夜晚，我能最清晰地感知到她给予我的恩赐。和其他人不同，因为有苔丝，我可以在伸手不见五指的黑暗中远行，甚至玩耍。和她在一起时，苔丝借给了我小狗的“超能力”，自从在莫莉身上第一次发现它们的存在后，我就一直渴望拥有。

这一切最终都会改变，也彻底地改变了我。

❋

6月的一个早晨，苔丝跳下床，站立了一会儿就倒在了地上。

起初，我以为她患了关节炎。苔丝已经14岁了，在我遇到她之前，她曾被铲雪车撞伤，所以这些年她走路时有些许跌跌撞撞并不奇怪。而且，我们了不起的兽医查克·德文已经在为12岁的克里斯托弗治疗老年性关节炎了，每天早上，我都会将装着3种药的胶囊藏在麦芬里喂给他吃。

但当我凝视着苔丝的眼睛时，我很清楚她不是因为晨僵而摔倒的。她是发生了“小中风”。

她似乎很快就彻底恢复了，但她这次与死神擦肩而过的经历给我们敲响了警钟。尽管霍华德和我才40多岁，但这些与我们共度青春时光的动物却已经早于我们进入了暮年。我们在一起的日子屈指可数。

当然，事情一直如此。有关地球上的生命，最让我心碎的一点是，大多数动物都会先于我们故去（部分品种的鹦鹉和乌龟除外）。我曾和朋友开玩笑说，我要去遍布毒蛇、食人兽和地雷的地方旅行，这样就肯定能死在克里斯和苔丝前面了。我从不怕死，死亡只是一个新的目的地，我们最终都会抵达。我相信如果真有天堂，并且我能够上天堂，我就可以和我挚爱的所有动物团聚。但是，我真害怕克里斯和苔丝会抛下我而离开这个世界。

不过，我也常常提醒自己，作为高龄动物，他们俩的状况算是很不错了。克里斯依旧喜爱着他生命中最美好的事物——轻柔的碰触、爱、陪伴、巧克力甜甜圈，而且这种喜爱有增无减。此外，他依旧吸引着新的粉丝来给他做“小猪水疗”。一如既往地，当苔丝一跃而起接住飞盘或飞奔去追球时，每个人都为她着迷不已。

有一天，苔丝被一种独特的气味吸引而分心，将飞盘丢在了草丛中。霍华德让她叼起飞盘时，苔丝置若罔闻。她失聪了，或许在几周或几个月前她就听不到声音了，但由于她是那么敏感聪慧，以至于弥补了听力上的缺陷，我们都没有注意到这一点。

接着是一次犬外周前庭疾病的发作。其症状类似中风，但患病感受截然不同。苔丝的世界无法控制地旋转起来，她饱受眩晕和反胃的折磨，一连几个星期无法站立。

令人难以置信的是，苔丝又一次挺了过来，她还是从前的那个小战士。她又可以享受散步的乐趣了，但她明亮的棕色眼睛蒙上了一层雾，耳朵也听不见了，再不能玩飞盘了，球对她也失去了吸引力。这让我心痛不已。起初我以为自己是为苔丝心痛，我猜她一定很怀念我们远足的日子、玩耍的时刻，怀念她在田野中飞奔，去追逐球和飞盘的感觉。

我错了，我其实是在为自己心痛。我怀念身体健壮的青春时光，渴求苔丝非凡的天赋和神奇的能力——她能听到我无法感知的高频声波，在黑暗中看清一切。我怀念追随着她的超能力的那些日子。我很伤心，但苔丝一点儿也不伤心。

只需看苔丝一眼，我就知道她很快乐。她摇动的尾巴和喜悦的表情，她的耳朵，以及她的沉着冷静，都散发着心满意足的气息。苔丝不想再追逐跳跃了，但她的生命依旧充实有趣，散发着香气，充满了美味佳肴和与所爱之人共处带来的慰藉。她接受了世界在很大程度上陷入黑暗且

静默无声的事实，她并不为此担忧。很明显，她知道人类能以某种方式在这个黑暗无声的世界里为她指引方向。

苔丝仍然喜欢出门，夜晚也不例外。以前，我很喜欢看她跑得那么远去追逐玩具，现在则欣喜与她如此亲近。一开始，苔丝会捕捉我的温度和气味，跟在我身后。后来，我们无时无刻不保持着身体接触。我深感荣幸，在共处多年后能够收到这样一份礼物——她对我优雅得体又充满信任的依赖，一如我曾经依赖着她在黑暗中为我指引方向。从来没有人如此彻底地依赖着我和如此深切地爱着我，我也从没有如此深刻地体验过上天的恩宠。

即使在风烛残年，苔丝仍然想让我歌唱。她的优雅甚至更加令人惊异，当我们需要超人的力量或勇气时，就会被这种优雅吸引。优雅不仅是一种美学上的技艺或动作上的魅力，神学家告诉我们，它还是一种天赐的能力，一种重生、成圣、变强、鼓舞人心的能力。“前我失丧，今被寻回，瞎眼今得看见[1]。”

苔丝从未失去她的超能力，她只是将它们放到了我手

1　这是《奇异恩典》中的歌词。——译者注

中，就像那些夜晚她将飞盘塞进我手中一样。直至我们相处的最后时刻，我都在享受这种卑微的荣幸——她曾为我做过的一切，如今我也能同等回报她。现在，是我在引领着她穿过黑暗。

我对小狗和小猪的爱随着他们的老去变得愈加炽烈。只要我们并肩前行，就没有穿不过去的黑暗。但克里斯和苔丝离去之后，我又将何去何从呢？

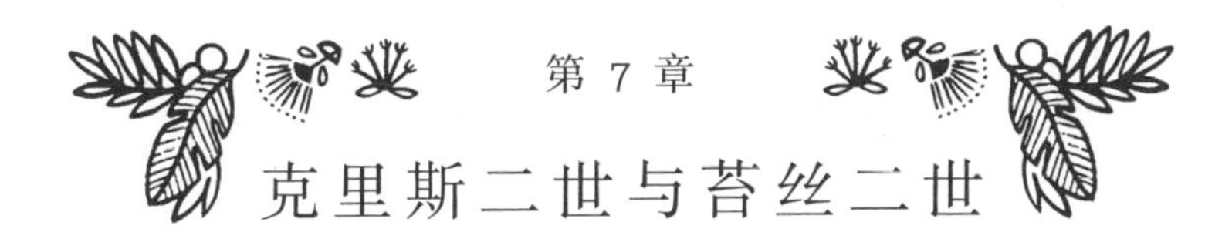

第7章 克里斯二世与苔丝二世

※

那天早晨，当两只树袋鼠戴好颈圈，

待在一个大大的、由树叶制成的围栏中，

等待着被放归自然时，

我们都在琢磨该给他们起什么名字。

而丽莎早已做出了决定：

他们的名字就叫克里斯托弗和苔丝。

※

克里斯去世后，很快苔丝也离开了我们。我告诉自己，若是实在撑不下去还有自杀这条退路，全凭这个念头才熬了过来。

初夏的一天早晨，我们走进猪圈后发现克里斯托弗已在睡梦中故去了。克里斯托弗的死让我震惊不已，它毫无预兆地发生了。14岁的克里斯患有轻微的关节炎，除此之外他看上去很健康。因为他并未显露出身体状况迅速恶化的迹象，以及我们并不了解猪的寿命有多长，我以为克里斯会在苔丝后面离世，帮助我摆脱失去后者的悲痛。然而，事实并非如此。

在她最后的日子里，苔丝每天忍受着我用林格氏液冲洗她的身体，以治疗她衰退的肾脏。夜里她有时会呜咽着醒来（是因为困惑还是噩梦，我一直没弄清楚），我知道在她的生命中，痛苦迟早会多过快乐。短暂的夏季过去后，这个时刻终于来了。9月，一个晴朗的下午，兽医来到我家。在那棵银白槭下，我和霍华德抓住苔丝的前肢，兽医为她注射了药剂，结束了她那非凡和善良的一生。

我多么想和她一起离世啊！失去克里斯托弗已经够让人难受的了，没有了他，就算那群吵闹的母鸡待在谷仓里，也显得空落落的。光是看一眼院子，我就难过得要命。克里斯去世后，我是为了苔丝活着。我知道她已奄奄一息，她自己也清楚这一点。但我们仍在一起——在那短短的几个月里，这对我们两个来说就足够了。

苔丝离开后，尽管我还有心爱的母鸡、深爱的丈夫、可爱的家、关怀我的朋友，以及意义重大的工作（这些都是上天的恩赐，每一天都带给我快乐），我却感觉自己一无所有。那是初秋，一年中我最喜欢的时节，空气中有熟透苹果的芬芳。但我不想要农场里的百年老树“罗镇赤金”上珍贵的果实，不想采摘夏季最后的蓝莓，也不期盼秋日缤纷的色彩或冬季蓬松的白雪。我不想吃饭睡觉，不想要音乐或陪伴。我不想过圣诞节、复活节，不想度过下一年甚至是整个余生。我憎恨自己对这一切不知感激。

一周又一周，一月又一月，我的绝望却好似永无止境。我开始掉头发，牙龈出血，更糟糕的是，我的脑子出了毛病。和别人说话时，我会在头脑中搜索一个词，而说出口的却是截然相反的意思。有一次我在一位年长的朋友家里，想开一个熟人的玩笑。他 80 岁了，交了一位 60 岁的女朋友。我想说他“老牛吃嫩草”，但令我惊恐的是，话到嘴边却变成了“老牛盗坟墓”！

我沮丧得要命，惊慌失措，努力想缓解这种状况。我强迫自己吞下食物和水，并服用维生素。像从前一样，我每周去健身俱乐部三次。每天我都会去户外活动，晒晒太阳。为了使衰退的大脑复原，我在车上播放磁带，学习意大利语。然而，一切都无济于事。

几十年来，我第一次无法通过埋头工作来逃避现实。克里斯托弗死后，为了纪念他，我开始撰写一部回忆录，记述我们共同度过的时光。因此，我每天的工作就是回顾那些生动的细节，追忆克里斯托弗、苔丝，以及那些围绕在他们身边，最后和我们成为一家人的朋友，在这 14 年里共同带给我的快乐和慰藉。而现在，这些快乐和慰藉永远地消失了，就连隔壁的两个小女孩也搬走了。写作这本书并不能让我宣泄悲伤，它令我疲惫不堪，写得异常艰难。

每天我都吃力地写着，想要完成书稿。写完了之后呢，克里斯和苔丝依旧无法复生。我的余生，都将如此悲哀地度过吗？

我想，我受不了这样的生活。

然后，我想起了母亲患癌去世后留下的安定注射剂。那时我将这些药剂带回了家，本打算将它们安全地处理掉，却搁置了。

❊

我和自己做了个约定：假如书稿完成时我的情况仍未好转，我就会像兽医为动物施行安乐死一样，用安定药剂结束自己的所有痛苦。那时我并不知道这个计划起不了作用，过量的安定不会让我死亡，而只会让我睡得比平时更久。因为精神抑郁，我也意识不到自杀会给身边的人带来多么可怕的打击。自杀只会将我的痛苦转移到我所爱之人身上，这恰恰是我最不希望看到的事情。

但自杀的决定却带给我一种奇异的平静。我知道自己不必永久承受这样的痛苦，而只需撑到完成自己的义务。这一切至少有个尽头。如果我能振作起来，就让生活继续下去，否则就终结它。

除了写完书稿，在做出最后的决定之前，我还要履行一项义务。我签了一个合同，要写一本篇幅较短的书，向年轻读者阐述丽莎·达贝克博士的成果。丽莎是一位杰出的科研工作者，那时她刚开始用无线电追踪一种生活在巴布亚新几内亚树林中的袋鼠的行迹。几年前，我为自己的那本关于亚马孙粉红海豚的书做宣讲，在会场上认识了丽莎，并很快成为好友。能写书介绍她的重要研究，我感到十分荣幸。3月，我将前往她在巴布亚新几内亚的研究基地考察，那个时节新罕布什尔州的雪正在化成泥水，处处显得肮脏灰暗。我想，这也许是我人生中最后一次外出考察。

❇

丽莎告诉我们，徒步前往研究基地的话，头 3 个小时的路是最难走的。于是我想，往后的路程应该会轻松一点儿吧。我们穿过云雾森林，泥泞的山坡有时呈 45 度，每攀登一步，我的心脏就像狂野的邦戈鼓手一样在胸膛中狂跳不止。我紧紧抓着手杖，剧烈地喘息着。村庄里一个 8 岁的孩子背着我的双肩包，因为我背不动。一位做挑工的当地女人向我伸出援手，手掌上结着痂。她显然患有皮肤病，而我却感激地握住了她的手。汗水、酸痛的肌肉、会传染的皮肤病，这些都不算什么。刺荨麻会划过皮肤、引发疼痛，叶尖上的蚂蟥会沾上身体，最后跑进你的眼睛里，这些也都无所谓。唯一重要的事情就是迈开脚，一步接一步地走下去，只要熬过头 3 个小时，我们就能坐下来休息了。

然后，我们再徒步行进 6 个小时，今天的路就走完了。明天还得继续走。

丽莎的研究基地坐落在巴布亚新几内亚休恩半岛的海拔 1 万英尺的高山上。位置如此偏僻，据丽莎所知，除了团队中的研究人员外，就见不到什么白人了。我们一行人包括 8 位科研工作者和 44 个来自亚弯村落，帮助背运帐篷、科研设备和食物的男人、女人和孩子。我们得经过3天的艰苦跋涉才能到达基地。

我们在一座桥上坐了下来。我感到筋疲力尽，丽莎鼓励我并告诉我，就在这里，上一个研究团队中的一名身材健美的30岁男子大吐特吐，说他实在走不动了（但他最后还是坚持下来了）。后来，我终于不用只盯着自己在泥地里打滑的双脚了，我抬起头看到了难以言喻的美景。在我们身下，远远可以瞧见亚弯和托威井然有序的村落，房顶上覆盖着茅草，花园和菜园十分整洁。在我们四周，巨大的树木上挂着如天鹅绒帷幕般的苔藓，一片绿意中散布着星星点点的红色和橙色，那是野生的杜鹃花和姜花。蕨树上橙黄色的卷芽胀得比卷心菜还大，不禁让人联想到创世之初的光景。天空中不时地传来长尾鹦鹉的啁啾。队伍中的两个人开始唱歌，其中一个是来自西雅图的素食主义者，另一个是明尼阿波利斯市的动物园管理员。巴布亚的朋友们也加入进来，每个人看上去都很快乐。我全神贯注地赶路，虽然我失足坠落、不幸死亡也没什么要紧，但我不想坏了考察队中其他人的兴致。

❋

6 小时后，当大家匆匆忙忙地在雨中支起帐篷时，我走进人迹罕至的云雾森林里呕吐。

这么做可不大明智，人在云雾森林里几秒钟内就有可能走丢。倾盆大雨会将我的足迹清洗得干干净净，并淹没我呼救的声音。但我没有呼救，我根本没意识到自己的状态有多糟。朋友尼克找到我时，高山反应和失温症致使我神志不清，嘴唇和指甲已变为蓝色。尼克是我书稿的摄影师，他架着仍然头昏脑涨的我回到营地。

在帐篷里丽莎和兽医迅速除去我湿透的衣服，将我裹入睡袋，为我拿来热饮。“你还有什么需要吗？”丽莎体贴地问道。

现在，我的大脑重新开始运转了。“有的。”我说，“能不能帮我拿一下双肩背包……”我想要那个带拉链的盥洗包。除去我银色的婚戒外，我还在里面放了另一件珍宝，这样它们就不会在我登山时遗失了。那是一位朋友送给我的银质空心手镯，里面存放着苔丝的一些骨灰。

❉

第二天早上，又是3小时精疲力竭的徒步后，我们在一个叫瓦萨农的地方安营扎寨。我们将在此驻扎两周，直到研究团队找到濒临灭绝的马氏树袋鼠，为它们戴上无线电颈圈后放归自然，以此追踪它们的行迹。丽莎的工作尤为关键：通过发现树袋鼠的种类和需求，她可以起草一份保护云雾森林的初步构想。

在营地，古老的参天大树围拢在帐篷上方，保护着我们，就像一群长着苔藓胡须的善良巫师。苔藓中布满了蕨类植物，其中夹杂着地衣、地钱、真菌和兰花。但最让我着迷的还是苔藓，世界好像披着一层由苔藓织成的天鹅绒，又仿佛高山上的云朵凝结成一团团绿色，有了生命。在19世纪的英国文艺批评家约翰·拉斯金看来，卑微、柔软而古老的苔藓是“地球上的第一缕仁慈”。若是这样，那么此时此刻，仁慈正无所不在地包围着我。它覆盖着树干、藤蔓、大地，宽恕着每一个笨拙的脚步，温柔地接住每一次跌倒和坠落。

树枝上垂着一块块巨大的橙色苔藓，恰似树袋鼠皮毛的颜色。“好几年了，我们见到的只有这个。”丽莎告诉我。与此同时，那些难觅踪影的树袋鼠一定坐在某处柔软的苔藓地衣上。丽莎研究的这种马氏树袋鼠的体型接近大猫，身上的大多数地方都长着棕红色的毛发（只有肚子是柠檬黄色的），有湿润的粉鼻子和一条毛茸茸的长尾巴。就连苏斯博士[1]也创造不出比它们更可爱的生物，它们比任何一种毛绒玩具都更想让人抱一抱。我们在蕨类植物和兰花、薄雾与苔藓之间的工作，就是为这种宛若从童书里走出来的动物戴上无线电项圈，追踪它们的行迹。

※

“大概11点，奇迹发生了。”我在田野日记中写道，“追踪者们带回了一只长鼻子的针鼹鼠！这是新几内亚独

1 苏斯博士，美国著名童书作家、漫画家，创造了戴帽子的猫、大象霍顿等经典角色形象。——译者注

有的野生动物，也像从苏斯博士的童书里走出来的角色。他胖胖的、毛茸茸的身体像个枕头，上面只长着很少的刺；他有一对可爱的黑色小眼睛，后脚仿佛长反了一样，管状的鼻子有6英寸长，以至于他慢吞吞地走路时常会被鼻子绊倒。”

这位小客人在我们面前显得异常平静，追踪者们将他放出咖啡袋后，他立刻开始四下探查。先前我们将几株小树苗绑在一起，做成一张桌子，而他用强壮有力的爪子把小树朝两边扒开，从中间扯出了一个洞。他把鼻子捅进泥土里，仿佛是在喝水，然后像一股烟一样，轻松地爬过我们用小树苗搭建的临时厨房外墙。我轻轻地摸了摸他的后背，他没有躲闪，木炭色泽的皮毛异常柔软，尽管那几根象牙白色的尖刺很锋利，也许正是这几根刺给了他自信和安全感。虽然我们可以一直全神贯注地观察他，不过我们不想给他压力，为他拍照录像10分钟后，我们就又把他放进咖啡袋中，送回了家。

“放走针鼹鼠后，感觉还没过几分钟，另一队追踪者又带回来一只山袋貂！”我在日记中继续写道，“他是个胖胖的小家伙，披着一身长毛绒，长着一对大大的棕色眼睛。他身上毛茸茸的，皮毛呈深棕色，只有肚子是雪白的。他的小手小脚是粉色的，尾巴能抓取东西，靠近尾根的部位有一块不长毛的粉色皮肤。”

每一次我们似乎都找到了证据：那些有着奇异外观、非凡能力、可爱名字的珍稀动物确实存在。针鼹鼠是地球上仅有的两种会下蛋的哺乳动物中的一种（另一种是鸭嘴兽）。山袋貂是地球上最大的负鼠，体重可达13磅，喜夜间活动，行踪神秘。我们没有见到其他动物，却找到了它们的巢穴和藏身之地。我们发现了一座小山丘，一只像鸡一样大的禽鸟在那里挖了巢穴，足有一辆大众汽车那么大，用排泄物散发的热量孵蛋（没错，这是一只雄鸟。这种雄性禽鸟会照管鸟蛋，让其保持适宜的温度，通过在周边挖掘通气孔帮蛋散热）。我们在营地附近的草丛中发现了小型沙袋鼠的洞穴。这是一种胖乎乎、毛茸茸、形似袋鼠的动物，警觉的耳朵可以来回转动，身后拖着一条粗短的尾巴。追踪者们报告，他们在营地不远处看见了一只林袋鼠——一种小小的、脸孔很像羚羊的小袋鼠[1]。

1 小袋鼠（wallaby）为30种澳大利亚小型或中型袋鼠科动物的非正式名称。——译者注这片云雾森林中的世界生机勃勃，我从未在别的动物栖居地目睹过这种生机。与亚马孙及其他我去过的云林不同，这里没有蚊子（因为太冷了），也没有咬人的蚂蚁、毒蛇、蜘蛛和蝎子。瓦萨农生活着各种各样的生物，但它们看上去既友好又仁慈。

每天都会得到一份崭新而愉悦的惊喜：生长在小径两旁的野草莓，比裁缝的别针还要小的微型兰花，一群流星划过的夜晚。我身边的人也棒极了，他们来自美国、新西兰、澳大利亚和巴布亚新几内亚。旅行开始之前，我和其中的两个人就已经是朋友了，行程结束后，我们所有人都成了朋友。无论是追踪者还是科学家，当地人还是外来者，还有动物园管理员、艺术家、科研人员，我们都在这趟为了保护原始云雾森林而发起的辛苦考察之旅中融为一体。

营地的生活并不太轻松。树袋鼠难觅踪影，衣服一直是潮湿的，夜晚和早晨能看到自己口中呼出的白气。我紧紧地蜷缩在睡袋里，穿上了所有衣服，却依然会被冻醒。但我们的工作极其重要，友情让人如沐春风，身处之地亦宛如仙境。

一天清晨，我们感觉到大地在颤动——地震了。不过在这里，地震不会给我们带来任何伤害。事实上，震颤反而让我安心。“这里的地球很年轻，”我在田野日记中写道，“难怪我们可以不时地感觉到它怦怦跳动的熔岩之心。”

✻

4月1日早起时，丽莎告诉我，她觉得今天是个好日子。我们俩都喜欢早起，目送追踪者们出发去寻找树袋鼠。我被这些人的友善深深打动了，他们不仅对西方人友好（众所周知，历史上新几内亚部落的居民曾砍过西方人的头颅），对动物也很友善（不到30年前，当地人还在用动物皮毛装点礼服，吃动物的肉呢）。

8点35分，好消息传来了。那时我和丽莎在溪边，她洗衣服，我洗晚饭的餐盘。“发现了树袋鼠！有两只！”我们推断是妈妈和宝宝。我们跟在追踪者身后奔跑，他们用当地通用的巴布亚皮钦语告诉我们，两只袋鼠都在“clostu”（附近）的一棵树上。你也许认为，要把动物从树上弄下来是不可能的，但追踪者们深谙其道。在树周围立起一些藩篱后，一位追踪者爬上了一棵邻近的树，受到扰动的树袋鼠从栖息的树枝上跳了下来，其他追踪者趁机抓住了它粗壮有力的尾巴，然后迅速将它塞进咖啡袋里。

我们将两只树袋鼠带回营地后，发现原本以为的“宝宝”其实是只成年雄性树袋鼠。追踪者们竟然在一天之内找到了两只成年树袋鼠！自研究这种动物以来，丽莎第一次为成年雄性树袋鼠戴上了无线电项圈。“这简直是个奇迹！”她由衷地感叹。“这是第一只戴上项圈的雄性马氏树袋鼠！”丽莎的一位来自新几内亚的学生说，“我们创造了历史！”

兽医动作轻柔地为树袋鼠注射了麻醉剂，以便在不惊吓他们的前提下观察他们的身体，为他们戴上颈圈。他先麻醉了雌性树袋鼠。她的皮毛是雨林中兰花的颜色，长着长长的金色尾巴，后背颜色较深，就像栗色与黄玉色掺杂在一起。她弯曲的爪子非常适合爬树，闪烁着赭石色的光芒。我忍不住伸出手，像抚摸苔丝那样摸了摸她的皮毛——触感比云朵还要柔软。

那天早晨，当两只树袋鼠戴好项圈，待在一个大大

在这片云雾森林中，
我又找到了这种让我们保持
理智和完整的野性。

的、由树叶制成的围栏中，等待着被放归自然时，我们都在琢磨该给他们起什么名字。而丽莎早已做出决定：他们的名字就叫克里斯托弗和苔丝。

❈

沿着越来越滑的小路走向两只树袋鼠的释放地点时，我的靴底沾了厚厚一层泥，双脚备感沉重。每迈出艰难的一步，他们的名字就在我的脑海中浮现一下，撞击着我的神经。苔丝，克里斯，苔丝，克里斯。在我与小猪、小狗共度的14年中，我曾多少次喊出这两个可爱的名字。他们去世后，单是他们的名字本身都像射向我心头的箭。但现在一切都不一样了。苔丝，克里斯，苔丝，克里斯。念叨他们的名字好比在反复吟诵一首圣歌、一个咒语、一段祷词，既能让我满怀感恩地追忆挚爱，又不至于让我因为强烈的思念而情绪崩溃。

这两只漂亮的野生动物当然不是我的克里斯和苔丝，也没有被他们的灵魂附体。他们都是复杂而独立的个体，热爱着各自独特的生命。对我来说，他们也代表着野性本身。他们体内跳动的狂野之心，为所有生灵共有。那是一种根植于我们的呼吸和血液中并让我们敬畏的野性，是一种让我们在这颗旋转不停的星球上得以停留的野性。在这片云雾森林中，我又找到了这种让我们保持理智和完整的野性，找到了对生命贪婪而狂野的渴望。

将克里斯托弗和苔丝放归森林的那一天，我被囚禁已久的心也重获自由。

FOOD

第8章 萨莉

⁂

萨莉喜欢偷东西。她会偷双肩背包里的午饭，

会在你把三明治送入口中的瞬间将之夺走。

一天早上，她叼走了厨房洗碗用的钢丝球，

在餐厅的地毯上留下了一条长长的印记——红锈色的小碎片散了一路。

她会打开水池下的储物柜，

在积存下的脏东西里"淘宝"……虽然品种相同，

萨莉和苔丝却几乎是两个极端。

⁂

立在桌子上的卡片时刻提醒着我，“爱不会因死亡而改变，没有什么会被夺走，最终我们将收获一切。”（这是英国女诗人伊迪斯·席特维尔的名句。）朋友们也都向我保证，克里斯托弗和苔丝没有离开我。格雷琴·沃格尔是个灵媒（送给我们一窝小鸡作为暖房礼物的朋友），她说来到我家时，仍然可以看到克里斯托弗和苔丝。格雷琴说，那头750磅重的小猪，他的灵魂甚至比他在世时还健壮，就飘浮在我身后，像一艘小飞船。格雷琴也能清清楚楚地看见苔丝，她蹲坐在厨房黑白相间的油布地板上，就待在我旁边。可我为什么看不见他们呢？

我不是那种能看见异象、擅长做梦，或是能与鬼魂沟通的人。在高中的《圣经》研读课上，我从来就插不上话，这让我非常失望。我相信灵魂的存在，这是我信仰中的一条重要原则。但让我深感挫败的是，我从未感受到挚爱离世后灵魂还陪伴在我的身边；我只是很想念他们。我曾对一位在亚马孙认识的朋友说起这些，他是一位习武者，在美国海军陆战队服过役。“哦，不过你‘的确’能感受到他们。”他温和地说，“当你想念他们时，你感受到的不是他们的缺席，而是他们的存在。”

他充满智慧的话语抚慰了我，但我还是渴望寻得一些迹象、一些不同寻常的感受和一些与逝去挚爱的交流。

1 月的一个晚上（我已经从巴布亚新几内亚返回美国，写完了关于克里斯托弗 · 霍格伍德的回忆录和研究树袋鼠的书，又跟随研究团队去了亚马孙和意大利），我梦见了苔丝。那时距离她去世已有一年半的时间，在梦中她向我展示了注定充满欢欣的未来。

✻

我常常梦到动物，梦中的他们总是十分快活和兴奋。但这一次的梦境不同寻常。刚开始的时候它像个噩梦：一个朋友给了我们一只边境牧羊犬幼崽。有比这更好的事吗？可我为此焦虑极了。在梦里，那只小狗只有刚出生的老鼠那么大，我真怕它活不下来。我也不知道该怎么让这只小狗活下去，感觉自己帮不上一点儿忙，实在是没用。

接着，不知是谁走到了门边——我没听见敲门声，但知道门外有人。我打开了通往后院的门，看到苔丝站在那儿。

能再见到她真是太开心了！但就算在梦里，我也清楚地知道苔丝已经死了。我知道自己此时见到的是苔丝的魂魄，她是来帮助我的。我冲出去找霍华德，可当他随我回到门边时，苔丝已经不见了，站在那里的是另一只边境牧羊犬。

和苔丝一样，她的前额也有一道白色条纹，四肢和尾巴尖都是白的。但她的皮毛比苔丝还要浓密，耳朵高高地支起，耳尖没有弯折下垂，也没有苔丝的那圈白颈毛。她炽热的棕色眼睛向我们投来满怀期待的目光。

我立刻明白，这条狗是苔丝派到我们身边的。从梦中醒来后，我马上出发去寻找她。

❋

我和霍华德瞒着对方，不约而同地访问了同一家收养边境牧羊犬的网站。这家救助中心位于纽约北郊，致力于牧羊犬繁殖，即便不是全美救助站中最大的，至少也是当地最大的。网站上有吸引人的照片和细节丰富的故事，向访客们介绍了几十只等待收养的纯种和杂交边境牧羊犬。想要找到苔丝带到我家门前的那只小狗，格伦高地农场甜蜜边境牧羊犬救助中心显然是搜索旅程的第一站。我强烈地感觉到那应该是只小母狗，但我能认出她来吗？

从救助站收养小狗并非易事。这些小狗在农场里过得很开心，白天在被围起来的好几英亩的草场上，以及池塘和树林间自由自在地奔跑，夜晚在室内的小窝里睡得舒舒服服。它们有数不清的玩具，还有志愿者和其他小狗陪它们一起玩。难怪救助中心不愿意放它们走，除非领养家庭能让小狗过上更好的生活。作为潜在的领养人，我们必须填一张长长的表格，内容包括我家房子和院子的照片，以及来自兽医和至少一位邻居的推荐信，救助中心据此对我们是否适合饲养边境牧羊犬做出评估。递交资料后，救助中心终于定下了我们可以探访的日期，是在2月份。我们等待着救助中心打来电话，以便安排我们的日程。

但电话来得太仓促，我们没法及时安排行程。开车前往农场需要一天的时间，我们也许还得在路上过夜。我们失望不已，打算几周之后再去农场一次，那时就是3月份了。我们将在霍华德父母在长岛的家中过夜，再驱车前往救助中心。将苔丝用过的旧狗链、食盆和毯子装上车后，我的心脏怦怦直跳。霍华德和我把网站上那些小狗的照片看了好几遍，到底哪一只才是我们要找的？她会认出我们吗？我们又能认出她吗？如果我误选了另一条狗，没能完成忠诚勇敢的苔丝交代给我的任务，该怎么办呢？她可是一路穿越了死亡，只为走到我面前向我展示那只正确的小狗啊。

从长岛出发去往救助站的前一天晚上，我们在外晚餐归来后发现霍华德父母的语音信箱里有一条留言。农场中的很多边境牧羊犬都染了病，我们的行程又一次泡汤了。尽管格伦高地农场中有很多可爱的小狗等待收养，但很显然，我们想找的那只小狗不在那里。

可是，她会在哪里呢？

✻

回到家里，我又访问了其他救助网站：新罕布尔州动物救助联盟，“宠物发现者”网站，新罕布什尔州、马萨诸塞州、康涅狄格州、罗得岛和缅因州的人道协会，新英格兰边境牧羊犬救援队。出于某些原因，那时可供收养的边境牧羊犬的数量非常少，小母狗更是一只也没有。我几乎要疯了。时间来到4月份，距离苔丝出现在我的梦中已经过去了3个月，看样子我很有可能会辜负她的期望。而与此同时，那只注定属于我们的小狗还在某处挨饿受冻，我却不知道该从哪里找起。

那是一只边境牧羊犬，这一点毫无疑问。我们知道隔壁镇子上有一只很棒的边境牧羊犬，但这只公狗是作为工作犬而专门培育的，并不是宠物。而且，我们一直想收养的是孤苦伶仃的牧羊犬，而不是已经拥有了幸福生活的狗。

因此，抱着微弱的希望，我求助于仁慈的宇宙。我告知一些朋友，我和霍华德正在寻找一只雌性边境牧羊犬。其中一个是《美国佬》杂志的专栏作家，新英格兰一半的人他似乎都认识；另一个是当地人道协会的理事会成员，还有一个在马萨诸塞州动物保护协会工作。他们自然能找到些线索。

我一时心血来潮，也给伊芙琳打了个电话。当年，我们就是从这位女士开设的私人动物收容所里领养苔丝的。将苔丝带回家后，我们一直保持着友谊。我将苔丝去世的消息告诉了伊芙琳，我推断，如果她机缘巧合地得到了另一只边境牧羊犬，就一定会联系我们。然而，这种可能性实在微乎其微，因为苔丝是14年来收容所里的唯一一只牧羊犬。不过我还是给伊芙琳打了个电话，告诉她我们正在寻找小狗。

伊芙琳沉默了几秒钟才开口说话，她的语气听上去十分惊愕：

“我这里就有一只啊。”

❊

她大概5岁，伊芙琳也不太确定。来到动物收容所之前，这只小狗被两户人家养过，却没有哪位主人对她表示过足够的关心。她叫佐伊，但唤这个名字时她并不上前，伊芙琳觉得这是因为佐伊（Zooey）听上去很像“不——行”（no-o-o），于是改叫她扎克。

这只小狗身世悲惨。那年冬天，她在非发情期与隔壁的边境牧羊犬交配（伊芙琳觉得她可能是被强迫的），为主人生下了一窝8只珍贵的纯种边境牧羊犬幼崽。但由于主人让她在冬天交配，之后又让她在地下室冰冷的水泥地上生产，致使小狗受了冻。当她的主人给伊芙琳打电话求助时，8只小狗中已经死了5只。

伊芙琳赶到时，发现刚做了母亲的扎克绝望地在产箱里跑进跑出，她看着自己的宝宝奄奄一息，却无能为力。“那一幕让我难受极了。”伊芙琳告诉我，“她身上全是跳蚤，头部尤其严重，毛发都掉光了。我甚至为她治疗了兽疥癣。我拼命忍住才没骂她的主人。”

伊芙琳救下了那3只小狗，那个主人打算将它们卖个好价钱，但扎克对他来说已经没有利用价值了，于是伊芙琳将扎克带回去照料，直至她恢复健康。伊芙琳告诉我们，现在她的毛发浓密极了。“她是只漂亮的狗，”她说，“但不太擅长与人打交道。”

霍华德和我出发去见她。

❋

“扎克，安静点，别闹了！”伊芙琳训斥小狗时，她使劲扯着绳子。乍一看，扎克和苔丝惊人地相像。她们都

是典型的边境牧羊犬，有着标志性的小白腿，前额有白色条纹，颈毛和胸前的皮毛也都是白色的，其余部分则黝黑一片。这只小狗当然也是不同的，这些不同之处也很快就会显现出来。

扎克个头更大，大约比苔丝重8磅，毛发更浓密，耳朵支得更高。她的性情也与苔丝截然不同。自相遇之初起，苔丝就与我们十分合拍，霍华德第一次朝她扔出飞盘后，便喜欢上了她。相较之下，霍华德失望地发现，这只小狗对飞盘无动于衷，也不会接球。

扎克似乎对任何玩具都不感兴趣，我们叫她佐伊或扎克时，她也毫无反应。事实上，她好像完全听不懂我们的话。苔丝总是热切地关注着我们在做什么，而扎克却极易分心，总会被新事物吸引。

霍华德不喜欢扎克的毛发。虽然兽疥癣痊愈后，扎克身上重新长出了茂密的软毛，全身蓬蓬松松的，背部至后腿的毛发都打着卷儿，但她的毛色不像苔丝那样乌黑，甚至有点儿泛棕。霍华德不喜欢它的尾巴，总是向右侧卷着，也许是因为受过伤。霍华德不喜欢她的年纪，对他而言5岁太老了。苔丝的离世伤透了他的心，既然我们要再领养一只，霍华德希望这只小狗陪伴我们的时间至少能和苔丝一样长。尽管初次见面时扎克可怜巴巴地偎着霍华德，霍华德却不想要她。

然而，站在一旁观察扎克的我注意到一个至关重要的细节。扎克的颈毛白得耀眼，却没有完全覆盖它的脖子；从右侧看，她的颈部黝黑一片，仿佛根本没长白颈毛。这和我梦中的小狗形象完全一致。

我们又去看了扎克一次，霍华德还是不想带她回家。我难过得要命，开车去找我的朋友利兹·托马斯，趴在她家的餐桌上大哭一场。回家后，我发现屋里没开灯，霍华德躺在床上，他的声音从一片漆黑中传来："我们收养她吧。"第二天，我们开车去往伊芙琳的收容所，带扎克回家。

"祝你们好运！"我们三个离开时伊芙琳喊道，"她抵得上好几只狗呢！"

⁂

伊芙琳说得对，她的确抵得上好几只狗。来我们家的第一天，她几乎在每间屋子里都拉了大便，包括地下室（不幸的是，我们好几天后才发现）。她是一个“餐桌毁灭者”，凡是她能够得着的食物都得遭殃。她在草坪上挖洞，苔丝可从来不会干这事。她还喜欢滚进其他动物的排泄物里，吃掉它们。看上去她一点儿也听不懂人话。

但她学东西的速度很快。我们给她起了个新名字——萨莉，她第一天就记住了。从那天之后，她再没弄脏过房间地板（除了地下室，这也许是因为她曾被关在地下室里生宝宝，所以她觉得应该在那儿上厕所）。

我会定期带萨莉去见一位私人训练师，在两个不同的地方上团体课，让她学习如何服从主人。很快，萨莉就可以做到有求必应、随叫随到，还会听从所有的基础指令，包括与人握手。为期一个月的训练结束时，萨莉获得了当地的人道协会颁发的礼仪奖章，我们骄傲地把它贴在家里的冰箱门上。但是，就在萨莉获得奖章的那天傍晚，还未等到我把霍华德的晚餐端上桌，她就跳上厨房的料理台面，吃掉了霍华德餐盘里的蟹饼。她还吃掉了我为朋友做的生日蛋糕。她又扒开了橱柜的门，吃掉了一整盒燕麦片，把家里弄得乱七八糟。

我常说："萨莉遵从我的一切指示，甚至会做得更多。"然而，就是她多做的这些事情惹出了麻烦。因为她能做到随叫随到，所以我们可以带萨莉一起去林中远足，不系狗绳也从不担心她会走丢。平日里，我最大的乐趣之一就是清早与霍华德一同散步，下午和我的朋友乔迪·辛普森一同远足（她会带上她的两只标准贵宾犬——珍珠和梅）。但远足时，萨莉常会吃下一些恶心的东西，或在一些恶心的东西里打滚。有一次外出回家时，我不得不和萨莉蜷缩在乔迪那辆深蓝色 SUV（运动型多功能汽车）的后备厢里，因为萨莉身上的气味太难闻了，毛发黏糊糊的，没法和其他小狗一起待在车后座上。

还有一次，我们走在一条土路上，附近的一户家庭养了几只德国短毛指示犬——狗爸爸、狗妈妈和狗宝宝。狗窝所在的院子周围有一道藩篱，以防止狗走失，但这根本拦不住萨莉。她穿过狗洞，冲进院子，打扰了那只刚刚生下小狗的母狗，并且莫名挑起了一场打斗。两只指示犬厮打了起来，主人不得不出手制止。将两只狗拉开时，她手上被咬了一口，需要去医院急诊室打狂犬病疫苗。这位主人是一名律师，可以轻而易举地起诉我们，但她并没有计较萨莉把她家闹得鸡飞狗跳，我对她充满了感激。

萨莉喜欢偷东西。她会偷双肩背包里的午饭，会在你把三明治送进口中的一瞬间将它抢走。一天早上，她叼走了厨房洗碗用的钢丝球，在餐厅的地毯上留下了一条长长的痕迹——红锈色的小碎片撒了一路。她会扒开水池下的储物柜，在积存下的废旧物品里“淘宝”。她总是极其自豪地打量着这些战利品，让我忍俊不禁。霍华德管她叫“小惯犯萨莉”，但当他独自开车带萨莉出门时，又会给她哼唱布鲁斯·斯普林斯汀的《小姑娘，我想和你结婚》。

虽然品种相同，萨莉和苔丝却像两个极端。苔丝是优雅的运动健将，萨莉却横冲直撞，所到之处一片狼藉；苔丝喜欢玩飞盘和网球，讨厌其他玩具，而萨莉却偏爱玩具，除了飞盘——她会不情愿地接住飞盘，只是为了讨好霍华德；苔丝喜欢我们，但我们爱抚的时间稍长她就会不耐烦，也不喜欢我们给她梳毛，而萨莉却亲昵得过了头，对人充满柔情蜜意。她会主动亲近陌生人，把小鼻子贴到他们的脸边索吻。她喜欢有人为她梳毛，每天晚上我都会花一个多小时打理她浓密的毛发，她享受其中。我们为她换了一种狗粮，她的毛发因此变得乌黑发亮，霍华德讨厌的那种红棕色渐渐消退了。

我感到自己重新变得完整，萨莉带给我难以言喻的快乐。我爱她柔软的毛发和爪子上玉米粉似的气味；我爱她静若处子，动若脱兔；我爱她吃东西时高涨的热情（就连晚餐桌上放软了的黄油棒和接了一个电话后被泡发了的麦片，萨莉也能吃得津津有味）；我爱她将毛绒玩具（每次旅行归来，我都会给她带毛绒玩具）开膛破肚的行为，看她兴致勃勃地咬碎那些蓝鲨鱼、红犀牛，以及一只又一只刺猬；我爱她高高支起的耳朵。霍华德和我大学毕业后不久，“警察乐队”推出了热门单曲《她做的每一件事都很神奇》，这个歌名就是我对萨莉的感觉。

我们三个会依偎在一起入睡，四肢（胳膊、腿，还有尾巴）相互交叠。但不幸的是，夜里，萨莉常会因为听到远处的狗吠或狐狸叫声一跃而起，狂吠不停。她很快就会重新入睡，留下我们俩睁大双眼躺在黑暗里，心脏怦怦乱跳，一连几个小时盯着天花板上的石灰裂缝。如果霍华德起夜，萨莉就会立刻调整睡姿（她是故意的），占据霍华德的位置，把脑袋放到他的枕头上。等霍华德回来时，萨莉会冲他睡眼惺忪地微笑。她觉得这件事很好玩，我们也允许了。

人们常会说“一辈子的小狗”，这句表述最初大概出自作家乔恩·凯茨之口，他也喂养过边境牧羊犬。凯茨解释了什么是“一辈子的小狗”：“他们是我们非常喜欢的小狗，我们非常用力地爱着他们，有时甚至爱得莫名其妙。”苔丝就是我“一辈子的小狗”。

萨莉也是。

萨莉并不是苔丝或克里斯的替代品。她不是那只认真、专注、冰雪聪明的边境牧羊犬，不是那头体格巨大、宛若大佛的小猪。她也不是一位像莫莉一样的睿智的导师。然而，从萨莉来到我家的那一刻起，我对她的爱并不比上述 3 只小生灵少。

这就是伟大的灵魂离去时赐予我们的礼物：我们的心胸变得更加开阔，更善于付出爱。多亏了之前的这些动物，如今我用对莫莉、苔丝、克里斯的所有爱意爱着萨莉，还要加上我对这只傻乎乎、乐呵呵、活泼可爱、无与伦比的小狗的爱。

“苔丝一定在冲我们笑呢。”当我收拾厨房里被萨莉撒了一地的狗粮，或者冲洗着萨莉的毛发，清除她身上难闻的气味时，霍华德常会这样评论。我从不怀疑这句话，我喜欢想象苔丝正在天堂朝我们微笑的情景。我知道，一看到萨莉，我就会满怀感激和爱意地想起苔丝。毕竟，这一切都与苔丝在我梦中的期许别无二致。

❉

几年后当我寻找第一次和伊芙琳聊起萨莉随手写下的便条时，我突然意识到那场梦的另一个奇妙之处：起初它像个噩梦，一只小狗生命垂危，我却无能为力。那个梦发生在1月份，就在那个月（谁知道呢，也许就在那一晚），萨莉（那时她还叫佐伊）被关在几英里外的一个冰冷的地下室里，绝望地想救活自己快被冻死的8个宝宝。我是否在还不认识萨莉的时候，就在梦中窥见了这场令她心碎的悲剧？

我想，苔丝会不会也出现在萨莉的梦境中，向她展示了我的样子，给了她一个关于新生活的许诺？也许，多亏苔丝的帮助，我和萨莉才在那一晚的梦境中见到了彼此。

第 9 章

奥科塔维亚

❊

我觉得奥科塔维亚很享受我的陪伴,

因为我们喜欢在一起玩.

我们的游戏与打棒球或玩娃娃不同, 更像是一种拍手游戏,

只不过有些小手上还长着吸盘……

我愿意和她永无止境地玩下去, 至少也要玩到我双手冻僵,

她含有铜离子的蓝色血液

(这种血液比我们含铁的血液耐性差) 耗尽活力.

❊

我站在一个矮梯凳上，向水箱俯下身，用右手将一条死去的鱿鱼在47华氏度（约8摄氏度）的盐水中来回摇晃。手上的肌肉冻僵了，于是我把鱿鱼换到左手，直到这只手也失去了知觉。然而，新英格兰水族馆里新来的太平洋巨型章鱼奥科塔维亚却完全无视我的努力，丝毫不为我手中的食物所引诱，用吸盘将自己牢牢固定在560加仑[1]水箱另一侧的箱壁上。她不肯游向我，至少目前还不肯。我决定再试一次，我真心渴望与她交朋友。

那年春季的早些时候，我认识了这只水箱的前任住户雅典娜。当馆员掀开沉沉的箱盖时，雅典娜滑过来观察

1 加仑分为英制和美制，此处为美制加仑，1加仑≈3.8升。——译者注

我。大大的眼睛在眼窝中转动，看向我的眼睛，四五条1.2米长的触手伸出水面来够我，表皮因兴奋而泛起了红色。我毫不犹豫地将手臂插进水里，很快几十个乃至几百个坚韧有力、硬币大小的白吸盘就覆满了我的皮肤。章鱼可以仅凭表皮感知味道，而大多数味觉神经都精妙地聚集在吸盘里。

“你就不害怕吗？”与雅典娜见面后的第二天，朋友乔迪问我。那时我们正在林中远足，随行的还有萨莉和乔迪的两只贵宾犬。乔迪和我每天都要花几个小时陪小狗玩耍，训练她们。和我一样，她非常喜欢动物。但是，没有骨头、冷冷冰冰、浑身上下包裹着黏液的章鱼？“不是很恶心吗？”乔迪问我。

“如果一个人和我刚认识就亲近地靠过来，我肯定会十分警惕。”我向她坦承。但这是一个降落在地球上的外星人，她能变化皮肤的颜色、身体的形态，能把40磅重的肥大身躯挤进比一只橘子还要小的洞口。她还有像鹦鹉一样的喙，像蛇一样的毒液，类似于老式钢笔里的那种墨汁。很明显，这只庞大、强壮又聪明的无脊椎海洋生物（她与人类之间的差异比我知道的任何一种生物都要显著）

对我非常感兴趣，正如我对她一样。这就是为什么我对她如此着迷。

我又去了水族馆两次，以便更好地了解雅典娜。她好像也能认出我了。我看过一些在西雅图水族馆完成的实验报告，它们证实了章鱼可以辨认出单个人类，哪怕这个人穿的不是同一件衣服，哪怕章鱼只是透过水流对他瞥上一眼。雅典娜允许我抚摸她的脑袋，却从不让其他访客这样做。我触摸她时，她身体泛白，放松的章鱼会呈现出这种颜色。我才刚开始了解这种奇异迷人的生灵，但雅典娜已经让我看到了一种此前从未探索过的可能性：我可以去了解一只海洋软体动物的所思所想。她与没有大脑的蛤蜊是近亲，但据说要比蛤蜊聪明和敏感得多。

当时我正在为杂志写作一篇关于章鱼智力的文章，并希望将它扩展成一本书。可是，就在我第 3 次拜访雅典娜的一周后，我听到了一个噩耗：雅典娜去世了。也许是她的寿命到了。没有人知道确切的死亡原因，因为她原本是野生的。不过雅典娜大概有四五岁，在太平洋巨型章鱼中已经算长寿的了。

得知这个不幸的消息后我哭了。直到我这一代，科学家才开始承认，与人类血缘关系最近的大猩猩也是有自我意识的。但那些与我们截然不同的物种，那些仿佛从外太空或科幻小说里走出来的奇异物种，又如何呢？如果我不仅用智力，也用我内心的爱作为研究工具，那么我会从这些动物不为人知的生活中发现些什么？既然雅典娜已经离世，看样子是时候开启我新的冒险旅程了。

然而，几天之后我收到了一个邀请。“我们发现了一只从太平洋西北部游往波士顿的年幼章鱼。”水族馆馆员斯科特·多德在邮件中说，“如果可以，请过来握握（8只）手吧。”

后来我发现，这句话说起来容易做起来可真难。

⁕

“我们待会儿再试一下，她可能就会改变主意了。”威尔森·门纳西向我提议。他是一位长期为水族馆服务的志愿者，在训练和饲养章鱼方面经验丰富。雅典娜一见面就立刻用触手抓住了我，但奥科塔维亚却对我毫无兴趣——也许她对谁都不感兴趣。

“它们都是独立的个体。”威尔森向我解释道，“每只龙虾也都个性不同。”饲养章鱼的人对这些生灵不同的性格特征很熟悉，这一点也常体现在水族馆馆员给章鱼取的名字上。在西雅图水族馆，有一只章鱼胆子非常小，一直藏在滤水器后不敢出来。馆员们叫她艾米莉·狄金森，与那位离群索居的女诗人同名。因为这只章鱼从不敢出现在游客面前，馆员们最终将她放归普吉湾，那也是她最初被捕获的地方。也许就像艾米莉一样，奥科塔维亚只是很害羞。

或许还存在另一种可能。每当为游客做表演的章鱼出现了衰老迹象，水族馆就会找一只年轻的章鱼替代。年轻的章鱼通常被养在展示玻璃后面的大水桶里，在被放入观赏鱼缸前，它就已经很熟悉人类了。雅典娜去世得太突然，水族馆必须马上找到一只新章鱼，首选个头大的，以便吸引游客。奥科塔维亚虽然没有雅典娜个头大，但她脑袋与一只甜瓜体积近似，触手约有 3 英尺长。很显然，奥科塔维亚并非章鱼幼崽。她是一只几周前还畅游在海洋中的大章鱼，或许已接近性成熟了。

难怪初次见面那天，我几次试图与奥科塔维亚互动都徒劳无果。第二次见面似乎也没带给我什么好运，那天早上，我又一次徒劳地向她挥舞着鱿鱼。斯科特突然有了新主意，他让我用长长的钳子夹住食物送到奥科塔维亚面前。奥科塔维亚一下子抓住了钳子，接着又抓住了我。她开始拉动触手。

泛红的皮肤是她兴奋起来的信号，我也很兴奋。她用3只触手裹住我的左臂，一直够到我的胳膊肘，又用另一只触手紧紧拉住了我的右臂。我根本无法反抗。在她最大的那些吸盘中，只需一个就能提起30磅重的东西，而她的8只触手中的每一只都有200个吸盘。有人计算过，一条章鱼可以用触手举起比自身重100倍的物体。斯科特估计奥科塔维亚有40磅重，果真如此的话，120磅重的我根本无法与她的那些能承重4 000磅重物的触手抗衡。

但我压根儿没想躲避。我很清楚，和所有章鱼一样，奥科塔维亚可以用触手根部的像鹦鹉一样的喙狠狠地咬我。我也知道她能释放毒液，太平洋巨型章鱼的毒液虽然不会置人于死地，但它能麻痹神经、灼蚀皮肤（被毒液侵蚀的伤口几个月后才能痊愈）。而我感受不到奥科塔维亚的恶意，只觉得她很好奇，我也很好奇。

斯科特不想看到我被拽入章鱼缸，因此当奥科塔维亚拉住我的胳膊时，他抱住了我的腿。“我还以为我得抓住你的脚腕呢！”奥科塔维亚突然松开触手时，斯科特说。

我希望我们已经取得了重大突破。至少奥科塔维亚现在似乎对我很感兴趣，而且这种兴趣不带有攻击性，不会对我造成威胁。但我读懂她的心思了吗？解读一只章鱼的意图并不像解读小狗的意图那么简单。只需看上萨莉一眼，我就能读懂她的情绪，哪怕我只能看到她的一条尾巴或一只耳朵。但萨莉是我们家的一员，与人类的关系更亲近。就像所有胎盘哺乳动物一样，犬类90%的遗传物质与我们相同，与我们一同进化。但章鱼和人类的进化历程却相差5亿年，就像陆地和大海一样截然不同。人类真的能读懂像章鱼这样与我们相去甚远的生物吗？

尽管在法属圭亚那，与克莱拉贝儿和她8条腿的亲戚相处的经历让我获益良多，但我从未与无脊椎动物成为密友，更不要说海洋无脊椎动物了。想与章鱼交朋友，光是这个念头本身就会被很多人贬斥为武断的拟人论，在动物身上强行加诸人类的情感。

的确，人们总是将自己的情感加诸其他事物身上，我们对自己的同胞一直如此。谁不曾精心为朋友挑选礼物，却并未赢得对方的青睐，抑或在提议约会时被冰冷无情地拒绝？但并不只是人类才拥有情感。比误解动物的情感更糟糕的，就是妄自揣测它们根本没有情感。

❊

一周后，我回到水族馆，还带来了同伴。美国环保广播节目《地球生活》的几位制作人阅读了我刊登在杂志上的文章，派出主持人、制作人和录制人员，来这里录制一期关于章鱼智商的节目。我们——包括威尔森、斯科特，还有每日照顾奥科塔维亚的冷水海洋馆首席馆员比尔·墨菲——都不知道奥科塔维亚会做些什么。

当我凝视着水箱时，威尔森从挂在箱沿上的一小桶鱼中拣出了一条银色的毛鳞鱼。奥科塔维亚看到后马上游了过来，用几个大吸盘将鱼从威尔森手中取走。我将手伸进水中，她立刻就抓住了我。更多蜷曲的触手从水下浮现。“快去吧，你可以摸摸她。”比尔对节目主持人史蒂夫·柯尔伍德说。一只吸盘附上了史蒂夫的食指，他小小地惊呼了一声。“哦！ 她正抓着我呢！”史蒂夫欣喜地说。

很快，我们6个人（比尔、威尔森、史蒂夫和我将手伸到水里，制作人和录音师则在水箱边观看）都被各种各样的新奇感受淹没了：奥科塔维亚吸附在我们身上，品尝着我们皮肤的味道；种种颜色在她发亮的表皮上掠过；她的吸盘、触手和眼睛仿佛可以表演杂技。我们抚摸着她，感受着她如丝绸般光滑的黏液；她也感知着我们，一抽一吸之间在我们的皮肤上留下红色的“吻痕”。我们看她变换着表皮的形态，生出一些被称作“乳突”的小包。这些小包有时看上去像一片尖刺，有时像脂肪粒，有时还会呈小犄角状，生在章鱼的眼睛周围。

我们决定再喂给她一条毛鳞鱼。但当我们看向水箱边沿时，却发现装鱼的小桶不见了。

我们6个大活人都在盯着奥科塔维亚，她竟然还是在我们眼皮底下偷走了东西。

我们没想把桶抢回来。奥科塔维亚把桶里的鱼倒到水中，将桶抓在身下，研究着它。在把玩小桶的同时，奥科塔维亚也在和我们玩耍。对章鱼来说，一心多用很简单，因为它们全身上下有3/5的神经细胞都不在大脑里，而是在触手中。这就好比每只触手都有各自的大脑——一个掌控着渴望、享乐和刺激感的大脑。

我发现奥科塔维亚红色的皮肤上泛出了白斑——放松的章鱼会变成白色。

“她很开心！”我朝威尔森喊道。

“哦，没错。”他赞同道，“非常开心。”

⁂

地球的海洋中有250多种章鱼。对于其中大多数，我们都知之甚少。但我们观察研究过的那些章鱼（包括大西洋巨型章鱼），大多都习惯独处。就连交配也可能是一种不愉快的经历，很容易变成一方吃掉另一方的“血腥晚餐约会”。那么，为什么一只章鱼愿意与人交朋友呢？

我想，答案是她想和我们玩。

在野生海域中，章鱼无时无刻不在探索。它们会吃下种类极其繁多的食物，包括张开壳的蛤蜊、游来游去的鱼类，以及藏在珊瑚缝隙里的螃蟹。但除了食物，章鱼还喜欢寻觅一些玩意儿并把它们带回家。有些种类的章鱼会收

与一只章鱼交朋友
（不管友谊对她来说意味着什么）
让我明白，在这个世界和周遭的
其他世界，以及世界之中的
小世界，都闪耀着种种
我们无法全然理解的光辉。

集人类丢弃的半球形椰壳，拖着椰壳游上一段距离，把两块椰壳拼在一起，搭成活动小屋。有些章鱼会将石头运回巢穴，在入口处建一堵墙。它们的著名事迹还包括偷走潜水员的摄像机和相机，也会拉拽潜水员的面罩或调节器。

被圈养的章鱼偏爱玩具，通常是小孩子玩的那些。它们喜欢将蛋头先生[1]的五官和四肢拆开再拼凑在一起。它们喜欢玩乐高积木。它们会拧开罐头瓶盖，取出里面美味的螃蟹，事后往往还会把盖子拧回去。作为一名工程师和发明家，为了让饲养的章鱼有事可做，威尔森制作了一组嵌套的树脂玻璃盒子。章鱼们喜欢打开一把又一把锁，将盒子逐一取出，找到藏在最里面的零食。

我觉得奥科塔维亚很享受我的陪伴，因为我们能玩在一起。我们的游戏与打棒球或玩娃娃不同，更像一种拍手游戏，只不过有些小手上还长着吸盘。当然，水族馆的工作人员和志愿者也很喜欢和奥科塔维亚玩，但他们还有其

1　蛋头先生，一种儿童玩具，曾出现在动画片《玩具总动员》中。它的五官和手脚均可拆卸下来，通过互相拼插，可以创造出各种稀奇古怪的外貌。——译者注

他工作要做。相比之下，我愿意和她永无止境地玩下去，至少也要玩到我双手冻僵，她含有铜离子的蓝色血液（这种血液比我们含铁的血液耐性差）耗尽活力。

有时我会带来一些新朋友跟她一起玩。我带来了我的朋友利兹，她一天抽一包烟，奥科塔维亚似乎不怎么喜欢她的气味。我带来了一位曾在非洲研究大猩猩的朋友，奥科塔维亚和她玩得很开心。一位跟着我做“影子实习”[1]的高三学生也随我来到了水族馆，结果被盐水浇了个透——奥科塔维亚将漏斗管[2]里的水直接喷在她脸上！

和奥科塔维亚相识的第一年，有一段时间，我不得不取消每周去波士顿的旅程，就是为了去西雅图参加一个关于章鱼的专题研讨会。回到新英格兰水族馆时，威尔森一打开水箱盖子，奥科塔维亚就会立刻冲到我身边，将触手伸向我，那种兴奋劲儿就像萨莉睡眼惺忪的微笑一样溢于

1 影子实习（job shadow），指在校学生去工作单位实地观察，通常会跟随一位员工，通过观察其日常工作来判断某个职业或公司是否适合自己。——译者注

2 漏斗管，章鱼背部生有漏斗管，章鱼呼吸后会将水通过短漏斗状的体管排出体外，受惊时也会从漏斗管喷射出水流。——译者注

言表。她抓住我的两条手臂，用力地吸附着我，可以想见，她在我手臂上留下的红印要过好几天才能消退。我们共度了 1 小时 15 分。

然而，不久之后奥科塔维亚就不再想玩耍了。

❈

"奥科塔维亚有些喜怒无常。"比尔给我发来了邮件。

她的习性毫无征兆地改变了。奥科塔维亚以往喜欢在水箱上层的角落里休息，而现在她要么沉在箱底，要么待在面向水族馆游客的小窗边，靠近光线最亮的地方。奥科塔维亚从前的皮肤色彩多变，通常呈红色，而现在她苍白了许多。最重要的一点是，比尔告诉我，"她也不那么喜欢与人交往了"。比尔说，这些都是衰老的迹象，她的生命或许即将走到尽头。

我去看望她，她游过来看着我，但抓住我时她的触手力量很弱。我们的互动 15 分钟就结束了，我为此心碎不已。很快，我就要启程前往纳米比亚，为一本关于猎豹的书做调研。当我回来时，奥科塔维亚是否已经离世了？

❋

从纳米比亚归来后，我发现奥科塔维亚的生活以及我们之间的关系，都与从前截然不同了。

她的皮肤柔软得像吹胀的气球。她的脸、漏斗管和鳃孔全都朝向墙壁。她身上的所有吸盘也都朝向内部，紧紧吸附住水箱一侧或是她巢穴的岩石墙壁，只有一条长长的触手懒洋洋地垂着，仿佛一根绳子，系在她如气球一般的巨大身躯上。她粉色的皮肤上有一道道褐红色的纹路，唯独触手之间的蹼状组织是灰白的。

我不在的这段日子，奥科塔维亚终于产卵了，大概有 10 万粒。这些珍珠白色、米粒大小的卵一串串地挂着，每串大约有几十粒或者几百粒。每粒卵上都有一根线，就像一条小黑尾巴。奥科塔维亚用吸盘灵巧地把这些黑线编在一起，使聚在一起的卵看上去像只洋葱。接着，她把一串串卵挂在箱顶、箱壁或岩石巢穴上。奥科塔维亚没有交配过，所以她产下的不是受精卵，但她并不知晓它们无法孵化。这些卵成为奥科塔维亚唯一的生活重心，就像在野生海域中产卵的章鱼一样。

章鱼妈妈不会离开自己产下的卵，甚至不会去寻觅食物。在野生海域，这意味着孵卵的章鱼会被活活饿死，但好在我们可以给奥科塔维亚提供食物。威尔森用长长的钳子夹住一条鱼，伸到我们这位朋友的巢穴前。奥科塔维亚像信使一般伸出一条触手，接过了食物。接着，仿佛想起了什么，她伸出了第二条触手，随后又将第三条触手伸向我，感受我身上的气味。但一眨眼的工夫，她就放开了我。“她变得不友善了。”威尔森告诉我。她正忙着护卵，不想看到访客。“就让她忙自己的事去吧。”威尔森合上了水箱的盖子。

在那段日子里，大多数时候，我都会去公共观赏区看奥科塔维亚。我会早早到达那里，趁水族馆还没开门的时候抢占一个好位置。

游客们到来前，水族馆的许多区域都是漆黑一片，神秘而亲切。观看奥科塔维亚就像在做冥想，我清空了思绪，在大脑中整理出一块干净的区域供她进入。我努力让自己心如止水，做好见她的准备。我让眼睛适应水中的景象，将大脑从一无所获的状态调整至各种景象缤纷而至——我常常看到太多，一时间无法消化。

她的身体有时是棕色的，夹杂着斑驳的白色，有时又是粉粉的。她的皮肤有时多刺，有时光滑。她的眼睛呈现出红棕色或银色。她也许会吸附在巢穴顶部，或者紧贴在巢穴侧面。但是，她一直都在孵卵。一天早晨，奥科塔维亚的一只触手放在外套膜（这个部位看上去很像脑袋，实际上却是章鱼的腹部）下面，另一只触手上的28只吸盘都吸附在巢穴上方。她触手之间的皮肤耷拉着，仿佛一动不动的垂褶布。静止不动25分钟之后，她的另外两只触手突然用力扫过一串串卵，就像在拿吸尘器清扫窗帘一样。

有时候，她又会以一种截然不同的、更轻柔的动作——就像拍松枕头一样——将一串串章鱼卵抖松。她也会用漏斗管朝卵喷水，仿佛在用橡皮管浇花。通过鳃裂，她将水深深吸入外套膜，后者伸展开来，像一朵盛开的粉色仙履兰，然后随着一阵台风般的气浪，她又释放出水流。

有时，奥科塔维亚清洗章鱼卵看上去像在爱抚它们，她只用触手底部细细的尖儿来抚摸鱼卵，那种温柔与所有母亲照料婴儿时无异。即使在她一动不动时，奥科塔维亚也在照看鱼卵。大多数时候，我们都只能看到一小部分章鱼卵，因为奥科塔维亚将身体贴在卵上，以保护它们不受任何来者的伤害。尽管水箱中没有掠食者，她也不会离开这些卵。

我忍不住希望这些卵受过精，希望她能孵育出自己的宝宝。我希望奥科塔维亚能像《夏洛的网》中的蜘蛛一样，在即将到来的生命终点，见证自己精心细致的培育将收获无数新生。但无论章鱼卵能否孵化，奥科塔维亚的投入都动人至极。每一次爱抚，每一次清洁，每时每刻坚定不移的保护，我从中看出了生命原初之爱的古老雏形。

数万亿位母亲（从奥科塔维亚长着果冻般身体的祖先到我自己的母亲）都曾教过自己的同类如何去爱，让他们懂得心怀热爱是度过一生最崇高和最完美的方式。爱是唯一重要的事，它让一切付出都变得值得。爱也是一件生机盎然的事，哪怕奥科塔维亚的卵并没有生命力。莫莉、克里斯托弗、苔丝……他们都已不在人世，但我怀有的爱未曾减少。我明白，奥科塔维亚的生命也将走到尽头。这一刻来得太快，但爱永远没有尽头，爱总是意义重大。因此，看到奥科塔维亚如此不知疲倦、姿态优雅地照料着章鱼卵，我满怀感激。虽然她正在走向死亡，但我知道她仍然在付出爱——只有成熟的雌性章鱼即将过完她短暂而奇异的一生时，才能这样去爱。

❉

在那段日子里，为了让自己振作起来，我看了一部关于大西洋巨型章鱼孵卵的录像。章鱼妈妈在 6 个月里一直看护并清洗着章鱼卵，用漏斗管朝刚刚孵化的小章鱼喷水，这些小宝宝看上去就像迷你版的她。章鱼妈妈向它们喷水，把它们冲到巢穴外面，漂入广阔的海洋。在那里，它们会像浮游生物一样生活，直到体重增加到足以爬行。章鱼妈妈用尽最后的力气，将宝宝们驱入大海。几天后摄影师返回这里时，发现她已经死了。

产卵 6 个月后，奥科塔维亚仍然很强壮。7 个月过去了，8 个月过去了，尽管奥科塔维亚孜孜不倦地清洗着章鱼卵，其中一些已分解破碎，掉落在观赏鱼缸底部，但她仍然不放弃。9 个月过去了，10 个月过去了，奥科塔维亚始终如一地看护着章鱼卵，坚持活下去，这简直就是奇迹。

然后有一天，我发现她的一只眼睛肿得可怕。眼部感染无药可医，奥科塔维亚就像她的那些腐烂的章鱼卵一样，正在分崩离析。为了让她好受一点儿，比尔决定将她转移到大水桶里，离开那些可能会伤到她的岩石、灯光和喧闹的游客。但她是否愿意离开章鱼卵？

让所有人大吃一惊的是，当奥科塔维亚感知到比尔的触摸时，她顺从地游进网中，然后被送到展示区后面的安静漆黑的大水桶里。

因为一直躲藏在岩石巢穴中，奥科塔维亚已有10个月未从水下抬头看看我们了，其间我没能触碰她，与她玩耍。在奥科塔维亚离开观赏鱼缸后，我想去见见她，很有可能是最后一面。

威尔森和我拧开了水桶的盖子，朝桶内看去。我们拿了一条鱿鱼给她，奥科塔维亚浮到水面，将鱿鱼从我们手中取走，接着却松开了它。她游上来并不是因为饥饿。

她老了，身体孱弱，奄奄一息。10个月来，她与我们之间没有任何互动。就章鱼的寿命而言，这相当于25年未与我们联系。然而，她不仅记得我们，还试图最后一次向我们问好。

奥科塔维亚看着我们的眼睛，将吸盘贴上我们的皮肤，温柔而坚定。她停在水面上，整整 5 分钟一直在感受我们皮肤的气味，然后重新回到桶底。

❊

奥科塔维亚最后是否意识到她的卵无法孕育出生命？在最后的那段日子里，她过得舒适吗？她能否知道我有多么关心她？这对她来说重要吗？

我真希望知道这些问题的答案，实际上却无从得知。不过，多亏了奥科塔维亚，现在我明白了一些或许更深刻、更重要的东西，米利都的泰勒斯（一位古希腊哲学家，生活在2 600多年前）极好地诠释了它们。“宇宙有生命力，”他如此表述，“其中有火，充满了神灵。”与一只章鱼交朋友（不管友谊对她来说意味着什么）让我明白，在这个世界和周遭的其他世界，以及世界之中的小世界，都闪耀着种种我们无法全然理解的光辉，比我们想象的更加生机勃勃、圣洁美好。

第 10 章 瑟伯

✻

我们常常忘记瑟伯有一只眼睛看不见，

因为几乎没有什么事情是他做不了的。

霍华德用塑料发球器投球时，

瑟伯会飞一般地追上去。他快速、敏捷、聪明、顺从并且富有想象力。对我们来说，他完美无缺。

✻

瑞克·辛普森在来电显示上看到了我的名字，但我没想到接电话的人是他。我本想联系他的妻子乔迪。

“瑞克？”我吃力地说出他的名字，然后抽噎起来。

“赛，你还好吗？是不是受伤了？霍华德还好吗？你想让我过去吗？”我无法回答，我正在猛烈地吸气。我没打算哭，更没打算在与瑞克说话时表现得如此失态。

但如果电话那头的人是乔迪，情况便会大不同。因为在过去的9年里，几乎每一天，乔迪都会带着珍珠、梅跟我和萨莉一同远足，她一定能立刻明白我的困境，并帮我把问题解决掉。

最后，我尽力让自己冷静下来，告诉瑞克到底发生了什么。

没有人受伤，也没有人有生命危险，但我的世界似乎已分崩离析，而我还没有准备好面对这一切。

❋

第一个信号出现在一个雪花纷飞的美好午后，那时我们正在进行越野滑雪。

我带着萨莉，乔迪带着珍珠和梅。我们散步时，萨莉常常不见踪影。毕竟野外有很多粪便，引诱她在其中打滚，还有一些动物的尸体她可能会去吃。但每当我呼唤她时，萨莉总会听到并朝我竖起两只高高的耳朵，仔细琢磨我的请求是否值得她改变计划。大多数时候，她都会跑向我。但在这个下雪的午后，萨莉钻进了长着芒刺的灌木丛中，我找了好久才看到她浓密的毛发。然而，当我呼唤她时，她甚至没有抬头看我。

萨莉失聪了。

霍华德和我给萨莉戴上了一个震动项圈，我教给萨莉，如果她在项圈震动时看向我，就能得到奖励。我们继续与朋友们一起在林中远足，但我们会避开公共汽车线路，因为萨莉听不到车子驶近时的声响。她的失聪也带来了一点儿好处：霍华德和我终于可以享受夜晚宁静的时光，不会被萨莉朝狐狸或远处的狗发出的狂吠声打扰到。但她的失聪让我惊恐，我们才共度了9年时光，难道萨莉真的比我们以为的要年长得多吗？

我很担心。很快我将前往巴西做调研，与斯科特·多德同行，他带我看过一只章鱼，那是我在新英格兰水族馆中认识的第一只章鱼。我们将一起前往内格罗河省考察，在那里，翻滚着黑色河水的支流汇入白浪涌动的索里芒斯河，共同构成了亚马孙河。我正在写一本给年轻读者的书，告诉他们家中饲养的观赏鱼从何而来，这些五颜六色的小鱼又为什么能够拯救热带雨林。但我真的不想离开萨莉，因为和以前一样，我将一连几个星期音信全无，没法打电话或上网。如果萨莉的健康状况岌岌可危，我就会退出考察团，将写作计划推迟一年。

出发前的那一周，霍华德和我拜访了我们亲爱的兽医查克。周初萨莉好像在冰上滑了一跤，走起路来一瘸一拐的。但查克向我保证，萨莉很好，我可以按原计划去做调研。

在从巴西回国的途中，我试图联系霍华德，抵达迈阿密和波士顿时我先后给他打了两个电话，但都没有回应。走进家门时，我非常恐惧地看到萨莉毫无生气地瘫在楼梯台阶边，无法站立。在我离开期间，她饱受病痛的折磨，她得的似乎是犬外周前庭综合征。

❊

和苔丝一样，萨莉暂时从病痛中恢复过来。我们帮她练习如何走进房间，不到两周，我们就又可以在街上散步了；不到一个月，我们恢复了与那两只贵宾犬远足的活动，只不过路程要短得多也平坦得多。乔迪、珍珠和梅对我们都颇有耐心。那两只小狗好像有意照顾缓慢而蹒跚的萨莉，她们会在小路上等她，就像苔丝曾经在远足时停下来等我一样。

萨莉享受着生活，她仍然会偷吃食物，仍然喜爱我们的林中远足，仍然会露出毛茸茸的微笑取悦我们，但她好像一下子就老了。是因为关节炎吗？我们带她去照了 X 光片。我们给她吃氨基葡萄糖，这种营养素曾经减轻了克里斯托弗的症状。兽医怀疑萨莉得的是其他病，他说得没错，是脑瘤。

⁜

我们想尽一切办法救治她。我们咨询了缅因州的一位兽医神经学家，被告知药物与治疗鲜少见效。我们祈祷萨莉的肿瘤不要迅速恶化，但事与愿违。

那个周末，霍华德和乔迪都不在我身边，萨莉再也无法走路、站立或进食。我始终陪伴着她。只要我伸手抚摸她，她就显露出平静安详的神情，但我的手刚一拿开，她便会焦躁不安。我将她抱到室外，感受和煦的春日暖阳。我的朋友利兹和格雷琴前来帮忙，直到霍华德回来后她们才离开。查克上门查看萨莉的情况，他觉得萨莉可能是感染了，给她打了一针抗生素，希望她缓过来，再与我们共度几个月的欢乐时光。但第二天，当查克来到我们的卧室时，萨莉正躺在一张羊皮上，她在我的怀抱中离开了这个世界。

朋友们纷纷打来电话或登门慰问，希望我能振作起来。乔迪旅行归来后，我和她一起在夏日的绿茵中散步，两只贵宾犬陪在一旁。我写的那本关于章鱼的书刚刚出版，销量不错，但事业上的成功、朋友的关怀和新罕布什尔州的美丽树林都无法带给我快乐，没有任何事情能再度让我开怀。我觉得自己又一次滑向了抑郁，也没有一场即将到来的调研之旅能拯救我。20年来第一次，我有整整一年的时间不用外出考察。

在萨莉离世的一个月后，一天早晨，查克打来电话。

“我们刚为戴夫·肯纳德家刚出生的一窝小狗检查了身体。”他说。

“他们肯定很可爱。”我说。

我认识戴夫，还有他那只天赋过人、血统纯正的边境牧羊犬。他就住在隔壁的镇子上。那只狗曾在美国东北部各个城市的牧羊表演中登场，并因此名声大噪。戴夫家的小狗们被卖到了多个农场，成为专业牧羊犬。但戴夫从未把小狗卖给别人当宠物，他认为待在普通人家，小狗们会无聊得要命。因此在做了那个苔丝指引我找到萨莉的梦后，我从未想过去戴夫的农场寻找小狗。更何况，世上还有那么多小狗无家可归、缺乏关爱，既然很少有人能像我们一样，可以为精力充沛、不知疲倦的边境牧羊犬提供合适的生存环境，我们便不想从一位犬类饲养员手中买下它们。如今我的想法还是这样。

那么，查克为什么要告诉我这件事？

“好吧，它们都很可爱，”查克接着说，“也非常健康。除了一只小公狗，他有一只眼睛看不见……”

专业边境牧羊犬需要依靠出色的视力看管羊群，如果工作时无法看到周围的每一个角落，它们可能真的会被一只羊、一头猪或一头牛蒙蔽，而没有任何防备。另外，由于它们看管的动物通常比它们体型更大，视力不好的牧羊犬很可能因此受重伤，甚至死亡。它们的眼睛还有另一种功能：仅凭目光灼灼的凝视，牧羊犬就能让牲畜们按指令移动。这种能力被称为“超强眼力”（the Strong Eye），但必须两只眼睛都完好才行。所以，无论这只小公狗有多么聪明，或者其他方面有多么健康，牧羊人都不太可能花几千美金买下它。

挂断电话后，我的心脏怦怦直跳。接着，我拨打了乔迪家的电话，瑞克接起了它。

❈

那天吃午饭时，霍华德和我列出了我们目前尚未准备好再养一只小狗的全部理由。主要是太快了，我们还没从失去萨莉的悲痛中缓过来。也许明年春天，我们会考虑收养一只救生犬，一只小母狗，有着黑白相间的经典毛色，鼻子正上方有一块白色斑纹，就像萨莉和苔丝一样。我们想要一只年轻的狗，像苔丝那样，体型小一点儿，因为在萨莉最后的日子里，抱着40磅重的她在深夜上下楼梯让我觉得很吃力。

但我们还是决定去看看那只小狗，就看一眼。

❈

我们给他取名“瑟伯”。漫画家、散文家詹姆斯·瑟伯是我们的至爱，而他也只有一只视力好的眼睛（瑟伯小

关于如何做个好生灵，

我还有太多的东西需要学习。

时候和弟弟玩扮演威廉·退尔[1]的游戏，弟弟误将箭射入了瑟伯的一只眼睛，导致失明）。将小狗瑟伯抱回家后，我们很快就发现，我们从没有见过像他这么急急躁躁、活泼外向、开心快乐的小生灵。

光是看看他，你就会不自觉地微笑。一条闪电状的白斑从他的头顶曲折环绕过视力良好的左眼，延伸到他黑色鼻头的一侧。他是只三色犬，有着帅气的棕色“眉毛”，左前腿上棕色的皮毛像一截袜子，延伸到白色的爪子上方。他站起来的时候，长尾巴几乎要拖到地上。（当他还只是可被我单手抱起的小狗崽时，尾巴就有14英寸长了！）但他的尾巴尖儿鲜有下垂的时候，几乎总是高高翘起，就像他那两只高高竖起的耳朵一样。在林中散步时，他一路跑在我们前面，甩动着白色的尾巴尖儿，仿佛在挥舞一面小旗帜。霍华德叫他“小路火箭”，不过瑟伯常会转过身，等我们追上去。我们呼唤他时，他一定会跑

1 威廉·退尔，瑞士民间传说中的英雄，曾被逼迫用弓箭射自己儿子头上的苹果。后发展出一种“威廉·退尔射苹果”游戏，即一人头顶苹果，另一人用箭来射。——译者注

过来。他一直相信有什么好事将要发生，事实的确如此。

对瑟伯来说，几乎每时每刻都乐趣无穷。在房间里，他喜欢玩玩具，包括一只曾经属于苔丝的红球。当他叼住刺猬或鲨鱼玩具，又或是毛绒羔羊、毛绒蛇、毛绒章鱼、毛绒大象、毛绒龙、毛绒鸭子、毛绒河马、毛绒螃蟹，并将它们咬得嘎嘎响时，我们很难抗拒与他争抢玩具、互相追逐的诱惑。但如果我们很忙，瑟伯就会自己玩，假装其中的一个玩具是活物，而他必须带着这只动物放牧，或者攻击他。他会同时在地板上滚动几个球，然后追逐它们，有时能一下子“放牧”3只球。在树林里，他会挑拣顶部分叉的巨大木棍（比如倒下的小树苗，有时甚至有8英尺长），在散步途中一路拖拽着，向同行者炫耀。他是那么开心，有时甚至会唱起歌来。早上他会对着收音机号叫，尤其是听到弦乐或小号吹奏的曲子时。我们开车外出时，瑟伯和我会听着他最爱的几张音乐光盘，一起随乐曲号叫。他尤其喜欢斯普林斯汀，还有独立流行乐团“精彩大世界”演奏的《说点什么》（歌曲恰如其名）。近来，我们最喜欢跟着《感谢生活》表演二重唱，我还修改了歌词：“感谢生活 / 给了我这只小狗 / 他是最棒的狗狗 / 在这个大大的星球……”

人人都爱瑟伯，瑟伯也爱所有人。他有数不清的朋友，其中有狗有人。他与格雷琴、利兹和乔迪一见如故。每周从周一到周五，我们几乎每个下午都会与珍珠、梅在林中远足，周末早上则与瑟伯的其他犬类朋友聚在一起，比如一只名叫罗勒的健壮牧牛犬，一只名叫影子、喜欢玩水的黑色拉布拉多犬，还有一只和瑟伯同岁的金毛寻回犬奥古斯特（一只漂亮的小母狗，住在我们街区）。非常神奇的是，奥古斯特出生时，也只有一只眼睛的视力是好的。

我们常常忘记瑟伯有一只眼睛看不见，因为几乎没有什么事情是他做不了的。霍华德用塑料发球器将球投出去后，瑟伯会飞一般地追上去。他快速、敏捷、聪明、顺从并且富有想象力，对我们来说，他完美无缺。

我偶尔会在特定光线下注意到他失明的眼睛，记起他只有一只眼睛能看见，而另一只则得到了上帝的祝福（正是这只眼睛将他带到了我们身边）。

瑟伯的失明是一起遗传事故，但也是一个奇迹，正是它和另外几个奇迹，以及我们的好兽医，将我从一个我以为只有一片荒凉的未来中拯救出来。自从莫莉去世后，我一直想养一只小狗，不是像莫莉那样照顾我，而是由我来抚养她。这样我就可以回报我生命中的第一位导师，尽管这份补偿来得迟一些。转遍了边境牧羊犬救助站后，我意识到适合领养的牧羊犬宝宝实在很难找到。戴夫的那只大名鼎鼎的牧羊犬生下了一窝小狗，其中一只走入我们家庭的可能性有多大？此外，时机起初看上去是那么不成熟，最终却异常完美：瑟伯到来的时刻，正逢我30多年的职业生涯中第一次没有紧急的工作需要交差，一连好几个月不用出门考察。我可以自由支配时间，用几乎整个夏天和秋天的时光来抚养小狗。我可以全身心地给予这个宝宝照料、信心和安全感，不幸的是，这些都是苔丝和萨莉来到我家时严重缺失的。

瑟伯并不是我们意料中的小狗，他甚至不是我们自以为想要的小狗。那时，我们认为合适的养狗时机是瑟伯出现的几个月甚至几年之后。我们想过领养一只小母狗，一条黑白相间、小巧玲珑的救生犬，披着一身长长的双层绒毛。结果，我们带回家一只有三种毛色的短毛公狗，而且他（在我写作本书时还不满两岁）是我们养过的最高最重的狗。虽然都是边境牧羊犬，但瑟伯与苔丝、萨莉在很多方面都毫不相像。萨莉和苔丝都不太热衷认识新的小狗，而瑟伯会热情地问候每一位来者。他还会做许多萨莉和苔丝不会做的事。每天早上，他会抬起棕色的前腿，用白色的小爪子戳一戳我们，将我们唤醒，就像个小孩儿一样（我们和瑟伯回农场看望过几次他的母亲，发现后者也会像瑟伯那样伸出爪子）。和苔丝、萨莉不同，瑟伯不喜欢坐在我或霍华德的办公室里，除了两个地方，即我的办公室和厨房之间的一把摇椅上，以及霍华德办公室外的楼梯中央。他的小鼻子从扶手或栏杆间探出，两只前爪耷拉下来。

然而，最大的不同当属瑟伯无论身处何地，陪伴在谁身边，都十分快活。我们不愿离开瑟伯，但如果要外出一周或周末另有安排，就很难将他带在身边（比如，最近一个周末我们去亚利桑那参加了凯特·卡博特的婚礼，她就是当年住在我们农场隔壁的两个小女孩中的一个），但瑟伯可以和许多朋友开心地待在一起。苔丝和萨莉则不会这样（我们出门时常常将苔丝托付给伊芙琳照顾，而萨莉只要几个小时见不到我们就会受不了），尽管她俩也是生性乐观的小狗，但年幼时都经历了分离焦虑，曾被人漠视或虐待。

瑟伯让我们惊喜，他为我们带来了太多的幸运。他不仅治愈了我们的悲伤，从某种程度上，他还给予我们机会，去弥补我们对之前小狗的亏欠。

有这样一句格言，“学生准备好时，老师自会出现。”这一次学生并未做好准备，但老师仍然出现了。瑟伯来到我的生命中时，我已经58岁了，但我很快发现，关于如何做个好生灵，我还有太多的东西需要学习。瑟伯教给我许多人生真谛，其中一条是：即使在生活看上去了无希望之时，你也永远不会知道接下来会发生什么，或许美好的事情就在下一个拐弯处等着你。

赛和莫莉一起当小狗

在罗得岛的罗杰威廉姆斯公园动物园，赛遇到一只友善的熊狸

萨莉展露出她令人难以抗拒的、毛茸茸的微笑

赛抚摸着她的朋友奥科塔维亚

在加拿大曼尼托巴省的纳西斯蛇窟，赛享受着 18 000 条蛇的陪伴

在小猪崽时期，克里斯托弗·霍格伍德的个头小到能被装进鞋盒里……但在得到了充足的泔水和关爱后，他的体重长到了 750 磅

梅、珍珠和萨莉（从左到右）在缅因州度假（她们的人类铲屎官同行）

20 多岁时，赛不再认为自己是只小马驹了，但她仍然爱着她见到的每一匹马

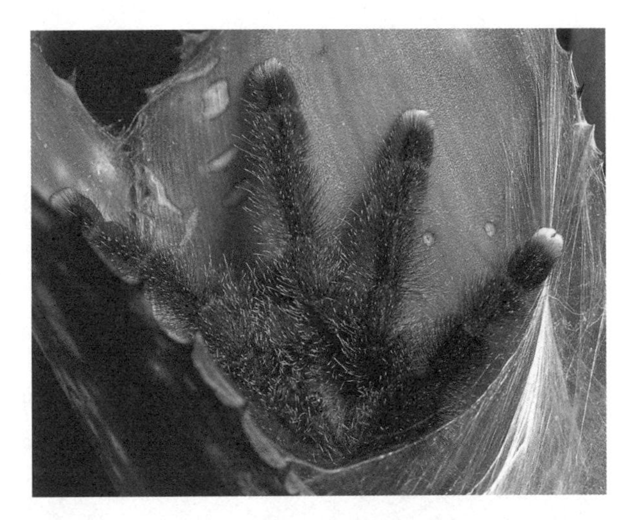

美丽的克莱拉贝儿平静地栖息在她用丝编织的巢穴里，只有几根粉红脚趾露了出来

在墨西哥科苏梅尔岛，赛和朋友兼教练多丽丝·莫里赛特潜水寻找章鱼

在纳米比亚结交新朋友，一只失去双亲的猎豹宝宝成为猎豹研讨基金会的形象大使

行走在小路上的瑟伯，叼着他的战利品

《章鱼星人》出版后，新英格兰水族馆将一只章鱼命名为“赛”。照片中的两个赛已经成了好朋友，正在轻柔地抚摸着彼此，而章鱼赛的短暂生命已接近尾声

越野滑雪时，萨莉抬头看着我们

在罗杰威廉姆斯公园动物园中，赛和树袋鼠霍莉在一起

小狗瑟伯伸出了他棕色的前腿

甜蜜的家，赛很开心地住在澳大利亚内陆的一顶帐篷里

3 只鸸鹋——“秃脖子”、“黑脑袋” 和 “小跛腿”

赛和皇家孟加拉虎宝宝玩耍

这些黑熊宝宝后来被放归自然，并在一部由《国家地理》杂志拍摄的纪录片中担纲主角。赛曾在文章中提到过这部纪录片，拍摄者是她的朋友，野生动物复健员比尔·吉勒姆

这头可爱的牛生活在隔壁镇子的农场里

尽管年幼时腿部受过伤，但苔丝仍能像芭蕾舞演员一样优雅地跳起，接住飞盘

在前往“小猪高地”的路上，赛拎着泔水桶，苔丝叼着飞盘，克里斯托弗则带着他的好胃口

延伸阅读

以下10本书鼓舞我踏上了研究动物生活和书写大自然的职业旅程。

法利·莫厄特的《与狼共度》
(*Never Cry Wolf*)

在我童年时期最钟爱的几本书里，就有法利·莫厄特的《不得不成为的狗》(The Dog Who Wouldn't Be)。他讲述了自己与爱宠的冒险经历，那只小狗有个很不光彩的名字——狗杂种。后来我读了这位作家最著名的一本成人书，并被深深触动。书中描写了一位科学家的心路历程：他被调研结果震撼，从而转变成社会活动家，为自己研究的动物挺身而出。虽然《与狼共度》是以纪实作品的形式出版的，但这本书后来遭人抨击，批评者认为它纯属胡编乱造。然而，即便莫厄特的叙述并非实事求是，他书中的字字句句却出自肺腑。“永远不要让事实妨碍真相。”后来他这样对我说。那时我正在为自己的第一本书做调研，他大方地将我迎进家中，为我提供帮助。虽然在写作过程中我始终注重事实，莫厄特却告诉我，若想成功说服读者行动起来，一本书必须能引发情感共鸣。

珍·古德尔的《和黑猩猩在一起》
（*My Life with the Chimpanzees*）

20世纪60年代的《国家地理》杂志上刊登的珍与黑猩猩在贡贝的照片，在我的成长过程中始终激励着我，甚至在我还不识字的时候。直到1988年，我才终于读到她的人生故事，这本书值得我长久的等待。

戴安·福西的《迷雾中的大猩猩》
（*Gorillas in the Mist*）

云雾森林中体格魁梧的山地大猩猩，比珍笔下迷人的黑猩猩更加吸引我。戴安的这本传记首次出版时，我就有幸拜读了它。在那一版的封面（也是我最喜欢的封面）上，有一只银背大猩猩的肖像，直接而亲切。这只名叫伯特叔叔的雄猩猩，他黑色的脸庞友好而睿智，乌黑的皮毛上点缀着亮闪闪的雨滴。这本书的封底上有伯特叔叔的背面照，凸显了他圆圆的硕大头颅，以及他的颈背间散发出的巨大力量。

巴里·洛佩兹的《狼与人》
（*Of Wolves and Men*）

我有一位好朋友后来成了素食主义者，在我去澳大利亚内陆做调研之前，将这本书留在我的门廊作为送别礼物。这本经典、严谨而细致的研究性著作，论述了狼群的真实生活，以及几百年来狼在人类文明中被赋予的意义。它向我展示了，关注某一物种与人类在历史上（甚至史前）的关系，具有多么重大的价值。

康拉德·劳伦兹的《所罗门王的指环》
（*King Solomon's Ring*）

这是一本有关动物行为的经典著作，作者是如今被我们称为动物行为学领域的奠基人。他对于灰雁、与乌鸦相似的寒鸦乃至慈鲷鱼的细致观察，不仅在科学上发人深省，也饱含着对动物个体的敬畏与喜爱。

亨利·贝斯顿的《遥远的房屋》
（*The Outermost House*）

这本书中的一段话曾帮助即将着手记录大自然的我明确了自己行为的意义：

> 对于动物，我们人类需要抱持一种新的、更加明智或者是更加神秘的观点……因为动物不应当由人来衡量。在一个比我们的生存环境更为古老和复杂的世界里，动物进化得完美精细，它们生来就有我们已失去或从未拥有的各种灵敏感官，用我们从未听过的声音交流。它们不是我们的同胞，也不是我们的下属。在生活与时间的长河中，它们是我们共同漂泊的别样种族，被华丽的世界囚禁，被世俗的劳累折磨。

刘易斯·托马斯的《细胞生命的礼赞》

(*The Lives of a Cell*)

在这本书中，我看到了一位始终为大自然的杰作倾倒并予以赞叹的科学家出色的科普写作。托马斯是研究人类免疫系统的专家，他运用生动传情的文字表达了自己的惊奇与狂喜。在书中的29篇文章里，他讲述了人类与其他一切生命形式的相互关联。

蕾切尔·卡森的《海之滨》

(*The Edge of the Sea*)

这本书让我认识了卡森，她的作品促发了现代环境保护运动。在报社做记者的第一年，我在一次图书馆旧书售卖会上买下了《海之滨》，它是卡森出版的第三本书。那时我还不负责报道环境方面的新闻，但我想了解海藻和蜗牛。我为卡森敏锐的目光、抒情的文字深深打动，并找到她之后的作品拜读，其中包括《寂静的春天》(在这部名作中，她将化学制品带给环境的危害进行了深刻的曝光)。

约翰·利莱的《利莱谈海豚》

(Lilly on Dolphins)

这本书的作者是尝试研究人类与其他物种之间交流互动方式的科学先锋。如今，利莱的著作常被批判不够严谨，算不上真正的科学写作。他本人是致幻药的强烈拥护者，这份激情我并不具备，但无可否认的是，大学毕业不久我读到了这本书，看到他认识的那些聪明动物，我被他们之间的亲密关系深深打动。利莱的部分观点如今被证明是错误的，一些当时他没有条件使用的科学工具证明，海豚其实掌握着一门复杂的语言，相关词汇包括特定族群中所有个体的名字，也就是我们所谓的“署名叫声”。

霍华德·恩赛因·埃文斯的《未知星球上的生命》
（*Life on a Little-Known Planet*）

埃文斯是哈佛大学的昆虫学家，他将这本讲述昆虫生命的迷人著作献给了在他书房里安家的书虱与蠹虫。尽管该书于1968年出版后（我买下的是一本二手平装书，出版时的定价只有2.45美元！），我们已经有了许多关于昆虫的新发现，但重读埃文斯对这些微小生命复杂性的赞叹之词，让我意识到《未知星球上的生命》非但不过时，反而充满了预见性。

致 谢

本书的创作想法萌生于我在新罕布什尔州汉考克家中的客厅。当时我正坐在沙发上，和一位朋友聊着天。

我太久没有见到维基·克罗克了，非常想念她。维基的书畅销全美，她还为波士顿的美国国家公共电台播报动物新闻。所以，在那个冬日，当她这个大忙人偕同制作人兼搭档克里斯滕·葛根一路开车过来看我时，我就像久旱逢甘霖一样欣喜不已。

我们带着边境牧羊犬萨莉一起走进新罕布什尔州的森林，查看松鼠、小鹿和野火鸡在雪地中踩出的小径。我们抚摸着家里那群母鸡的羽毛，亲吻她们的鸡冠。维基是专程来找我做采访的，但等我们真正坐下来准备录制节目时，这件事反倒显得次要了。

面对克里斯滕的镜头，我和维基聊起了老虎、毛蜘蛛、貘等我有幸在职业生涯中了解和描写过的动物。采访接近尾声时，维基问我：“从这些动物身上，除了博物学知识，你有没有学到关于生活的道理？”

关于生活，动物教给了我什么？以前从没有人这样问过我。但面对维基，我几乎脱口而出：“如何做个好生灵。”

我接受维基采访的视频被发布在网络上。几个月后的一天，霍顿·米夫林青少年图书出版公司的副总裁兼副社长玛丽·韦尔考克斯碰巧看到了它。她将这个视频分享给一位经常与我合作的编辑凯特·奥沙利文。我最后的那句回答打动了凯特，“这就是你接下来应该写的书。”凯特告诉我。

也就是现在你手中的这本书。

虽然本书讲述的是动物们如何教我做个好生灵，但我也要由衷地感谢许多人类。除了维基、凯特和玛丽，我还想在此向其他人致以谢意。

首先我要感谢我的父母，尽管我们之间存在很多分歧，我却始终爱着他们。我知道，他们也在用自己的方式爱着我。我不想与别人交换父母，没有他们，我就不再是我，很可能不会如此坚决果敢。

感谢在本书描写的那段人生中，那些陪伴在我身边的人。许多人的名字已经出现在书页里，少数未被提及的，我要在此感谢他们：珀尔·尤瑟夫、卡洛琳·贝鲁、赛琳达·奇昆、加里·加尔布雷思和乔尔·格里克。我尤其感谢格雷琴·沃格尔和帕特·温克斯帮我回忆与莫莉相处的点滴。我诚挚感谢那些耐心阅读本书初稿并提出宝贵建议的人：杰瑞·普莱斯和柯莱特·普莱斯夫妇，朱迪斯·奥克斯纳，罗布·马茨。谢谢你们！我还要感谢一个无法阅读本书的人（唉）——安娜·马吉尔-杜翰，然而在写作过程中，我始终将她想象成理想的读者，她的睿智、好奇心和古怪的幽默感至今还在影响着我看世界的方式。

感谢我完美的经纪人萨拉·简·弗雷曼。感谢丽贝卡·格林为本书绘制了引人入胜、极富表现力的插图。感谢卡拉·卢埃林出色的设计。

没有人比得上我的丈夫霍华德·曼斯菲尔德，他是我认识的最棒的作家。然而，除了作家必备的冷静和规律的作息之外，他还拥有巨大的耐心，细致地照顾着我们饲养的所有动物，在我去国外调研期间处理了种种紧急而棘手的问题。收养克里斯和苔丝是他无可推托的伟大功劳。尽管有时他是在我的劝说之下才采取行动，我仍然无尽地感激他让萨莉、瑟伯和其他动物朋友进入我们的生活，照亮我们的生命。

最后，我想感谢一些动物：我的第一只长尾鹦鹉杰瑞，雪貂“大脚怪”、“速克达”、“达·伽马”、“理性时代”和她的女儿“启蒙运动”、“罗伯茨先生”和“内布拉斯加”，我们的猫米卡，我们的鸡尾鹦鹉可可波里。尽管没有在正文中提及他们，他们也同样极大程度地丰富了我的生命，他们的爱依然流淌在我书写的每一页文字上。